宅人料理手册

林潇 编绘

重庆出版集团 重庆出版社

图书在版编目(CIP)数据

宅人料理手册 / 林潇编绘. —— 重庆 ：重庆出版社，
2012.9
ISBN 978-7-229-05381-9

Ⅰ. ①宅… Ⅱ. ①林… Ⅲ. ①烹饪—手册 Ⅳ.
①TS972.11-62

中国版本图书馆CIP数据核字(2012)第146009号

宅人料理手册
zhairen liaoli shouce
林潇 编绘

出 版 人：罗小卫
出版策划：重庆天健卡通动画文化有限责任公司
责任编辑：邹 禾 刘 倩
责任校对：何建云
装帧设计：冰糖珠子

重庆出版集团
重 庆 出 版 社 出版

重庆长江二路205号 邮政编码：400016 http://www.cqph.com
重庆新生代印易数码印刷有限公司 制版
重庆豪森印务有限责任公司 印刷
重庆出版集团图书发行有限责任公司 发行
e-mail:fxchu@cqph.com 邮购电话：023-68809452
重庆出版社天猫旗舰店
cqcbs.tmall.com
全国新华书店经销

开本：889mm×1 194mm 1/32 印张：4
2012年9月第1版 2012年9月第1次印刷
ISBN：978-7-229-05381-9
定价：22.80元

如有印装问题，请向本集团图书发行有限公司调换：023-68706683

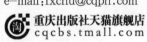

目录

双皮奶系列……………………1

冰糖红酒酿雪梨……………………8

红枣莲子银耳汤……………13

玉子烧……………………19

墨西哥鸡肉卷……………………25

咖喱鸡……………………30

越南春卷……………………36

金针菇培根卷………………42

心形牛排……………………47

砂锅鱼头……………………53

紫薯苦瓜圈……………………58

咸蛋蒸肉饼……………………65

糖醋排骨……………… 70
土豆泥…………………… 75
可乐鸡翅……………… 81
蛋包饭…………………… 86
皮蛋瘦肉粥…………………… 92
番茄酿牛肉……………… 97
茄汁猪蹄…………………… 102
火腿鸡蛋生菜三明治…………………… 109
蒜蓉吐司…………………… 114
小比萨…………………… 118

我会辅助大家完成菜品的，请跟好我的步伐哟！
光看目录就好兴奋了。

浏览过菜单后，就让我们开始进入制作吧。
开动啦！

双皮奶双生姐妹花

木瓜双皮奶姐姐

星座：双子座

血型：O

性格：喜欢装成熟，喜欢照顾妹妹。最大的心愿是胸部一定要比妹妹大。

草莓双皮奶妹妹

星座；双子座

血型：O

性格：喜欢扮可爱，也喜欢可爱的东西。粉红色是她的最爱。

双皮奶系列

请准备如下材料：
鸡蛋清、牛奶、白砂糖。
还可以按照自己喜欢的风味准备水果、龟苓膏、红豆沙、绿豆沙等。
一边去！
我也要喝牛奶。
材料很简单吧，做法也很简单哟。
食疗功效：
有亮发、提高免疫力、治疗头痛头晕、健脑、明目、壮骨的作用。

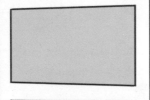

制作开始！

1. 首先，牛奶倒入锅中煮沸。

2. 烧沸后的牛奶倒入大碗。
稍凉后，靓靓的牛奶表面结起了皱皱的皮。

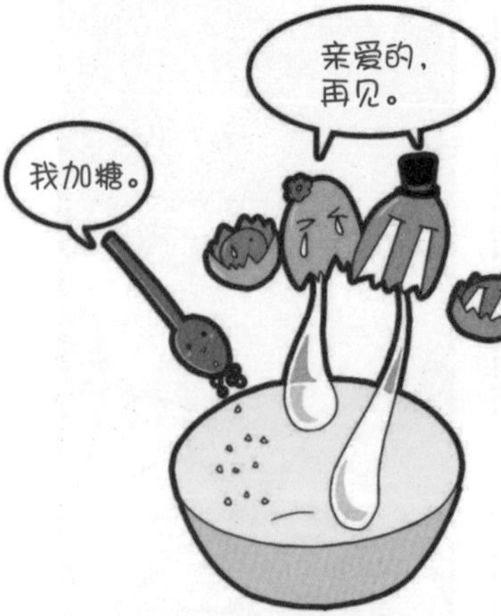

3. 蛋清打入碗中，加两勺糖。

4. 搅拌至糖溶解。

5. 搅拌好蛋清，牛奶也差不多放凉了，这时候，用筷子把奶皮戳破。

6. 把牛奶慢慢倒进装蛋清的碗中。

7. 把蛋清牛奶搅拌均匀。

8. 沿碗边把蛋清牛奶液倒回装有奶皮的碗中。

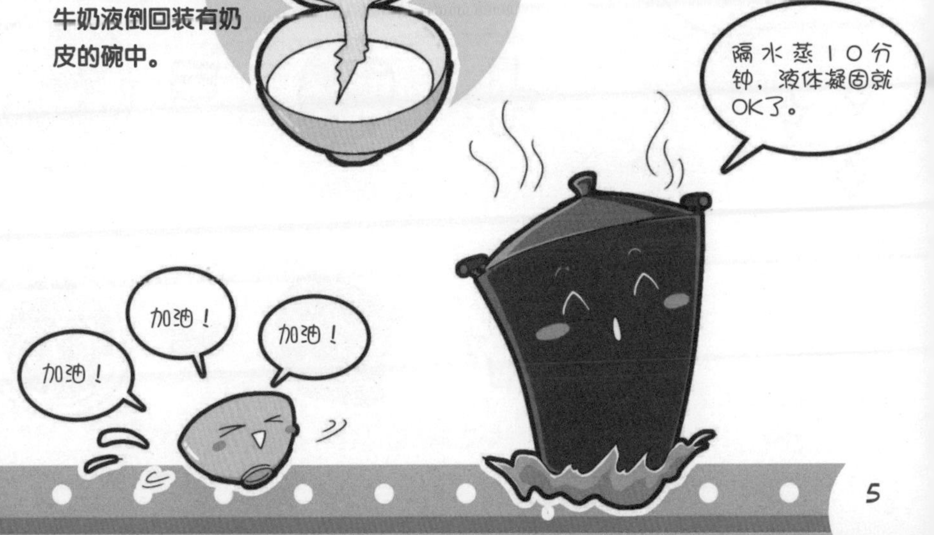

蒸好的双皮奶放凉后就可以食用了，放冰箱冰一下口味更好。可以根据自己口味添加各种食物和双皮奶搭配。
例如：

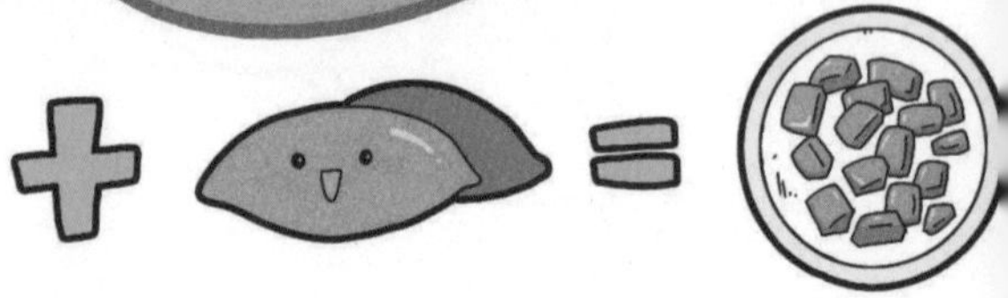

加芒果就是【芒果双皮奶】

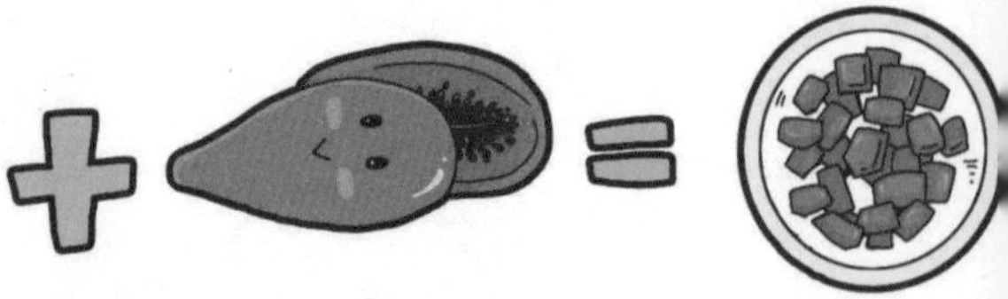

加木瓜就成了【木瓜双皮奶】

加草莓则是【草莓双皮奶】

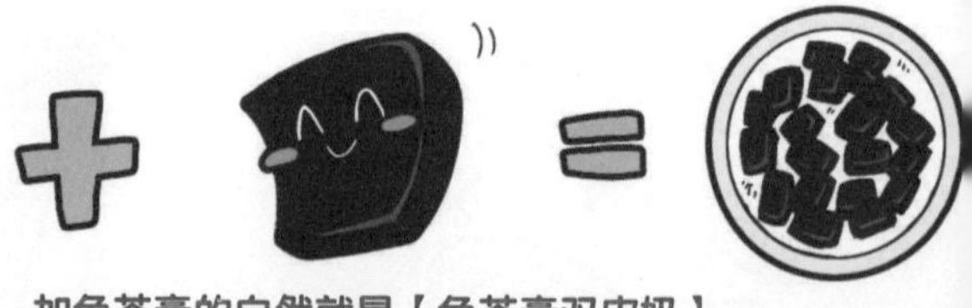

加龟苓膏的自然就是【龟苓膏双皮奶】

我来给大家介绍两位双皮奶的近亲。
什么亲戚呢?
喵，真美味，回味ING……
鸡蛋布丁、鸡蛋羹
很相似吧?

衍生菜品

鸡蛋羹
盐
蛋+水+盐油
搅拌均匀
上锅蒸即可
双皮奶
蛋清+牛奶+砂糖
搅拌均匀
上锅蒸即可
鸡蛋布丁
蛋+牛奶+砂糖
搅拌均匀
进烤箱即可

红酒酿雪梨姬

星座：双鱼座

血型：A

性格：可爱的乖乖女，喜欢自然淳朴的东西，讨厌和雪碧一起玩。

冰糖红酒酿雪梨

请准备如下材料：

红酒（最好甜一点的，不要选干红）、梨子（最好选水晶型的香梨，质感细腻点的佳）、冰糖。

红酒雪梨不仅口感香醇，还有暖胃、帮助肌肤补充维生素，促进血液循环等功效。不用担心喝下这一大碗红酒，会醉得不省人事，其实在煮的过程中，酒精会被蒸发掉，留下的只是微微酒香。

这道甜品可是一道不容错过的美容佳肴。
可以越吃越漂亮哟！
你看我多漂亮呀！
我是冰糖

制作开始！

1. 梨子削皮不去核保留整个。

2. 锅中放少量开水，将冰糖化开。

3. 糖化后倒入红酒，最好能没过梨子。

4. 放入雪梨用大火煮，要是梨子有未被红酒浸过的部分，就要不断地把红酒往梨子身上浇，煮开之后再转小火煮40分钟。

5. 煮好的梨子上锅蒸40分钟后灭火，再盖上盖子焖30分钟。

6. 放凉后将梨子放入密封的容器内，或盖上保鲜膜。

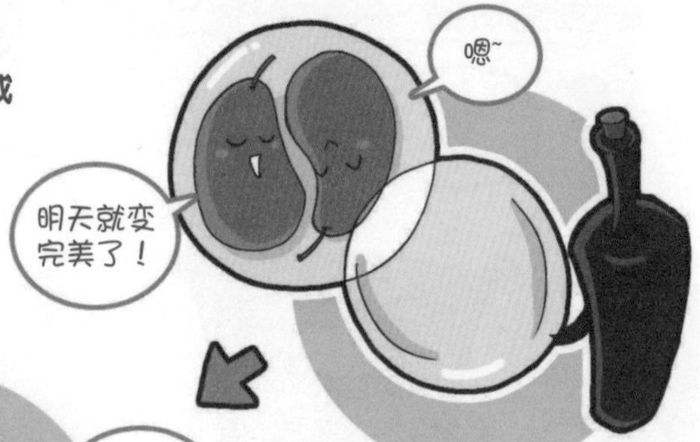

7. 放冰箱搁置一晚。

8. 第二天……

红枣莲子银耳娘

星座：天蝎座

血型：AB

性格：和很多谷物、生血养颜的食物关系都非常好，随时都要像女王一样地出现。

红枣莲子银耳汤

作为主角，我会第一个入锅的。
准备材料：
银耳、红枣、莲子、枸杞、冰糖。
有钱的吃燕窝，没钱的咱就吃银耳，其实人家说好多燕窝都是假的，如果买到假的燕窝那还不如吃银耳有营养呢。银耳要炖得软烂，汤汁要黏稠，这样才可以充分地将胶质溶解到汤里，起到美容的效果。为了漂亮，各位食材，请入锅吧。
我是莲子。
我们是妇女之友，红枣和枸杞。
你们统统都到锅里去！！
我是冰糖。

制作开始！

1. 银耳泡发开，撕去梗的部分，洗干净撕成小朵。

2. 其他材料也洗净备用。

3. 直接把银耳、莲子、红枣丢锅里，水开后小火炖2小时。

4. 出锅前10分钟加入枸杞和冰糖。

10分钟后……

5. 吃的时候按照喜好加入蜂蜜就OK了。

衍生菜品

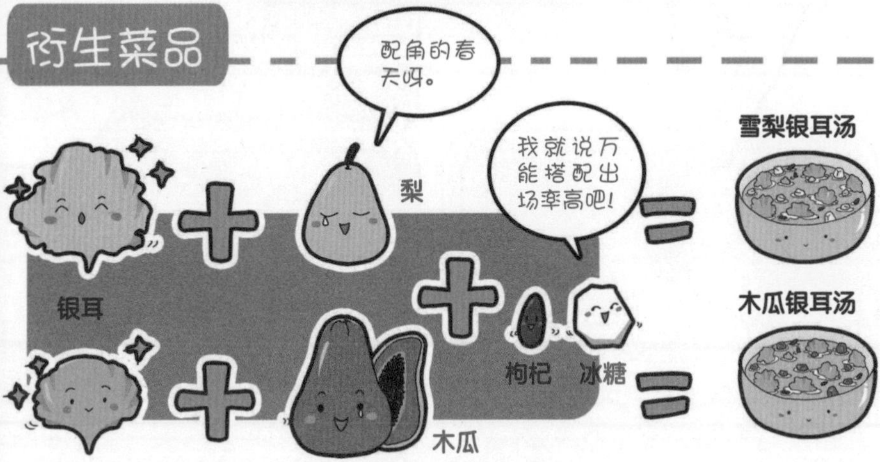
配角的春天呀。
梨
我就说万能搭配出场率高吧！
银耳
木瓜
枸杞
冰糖
雪梨银耳汤
木瓜银耳汤

太美味爽口了，这难道就是幸福的味道。
夏天放冰箱里面冻一下，口感更好。
来点蜂蜜吧。

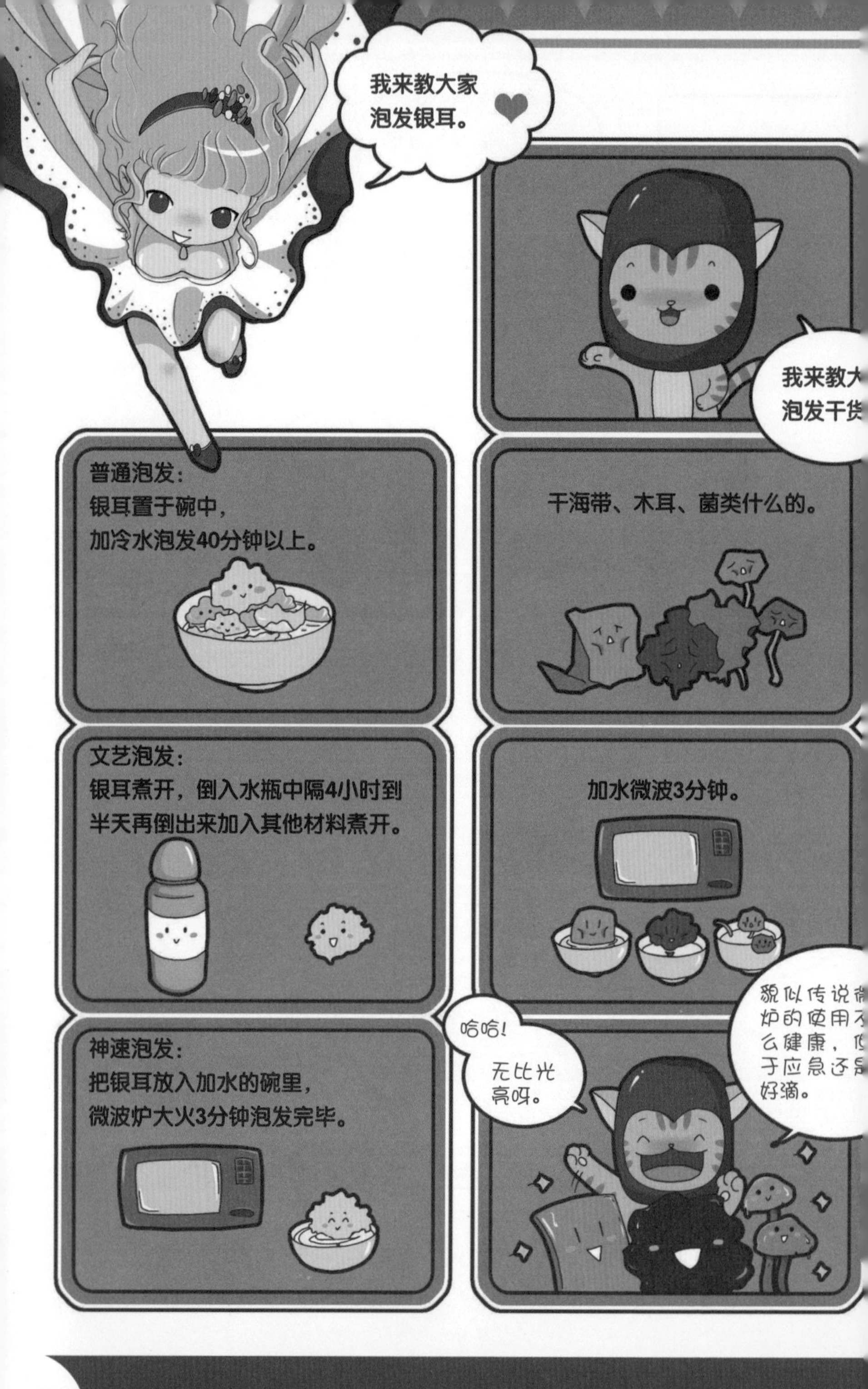
我来教大家泡发银耳。
普通泡发：
银耳置于碗中，
加冷水泡发40分钟以上。
文艺泡发：
银耳煮开，倒入水瓶中隔4小时到半天再倒出来加入其他材料煮开。
神速泡发：
把银耳放入加水的碗里，
微波炉大火3分钟泡发完毕。
我来教大
泡发干货
干海带、木耳、菌类什么的。
加水微波3分钟。
哈哈！
无比光亮呀。
貌似传说
炉的使用
么健康，
于应急还
好滴。

玉子烧娘

星座：水瓶座

血型：A

性格：略有点冷傲，爱生气。平时看上去漫不经心，其实还是很在乎和周围食材的搭配。鸡蛋是她的召唤兽。

玉子烧

太美味了！！我都想哭了！
准备材料就是我——唯一的主角，鸡蛋！哇哈哈，好吧，我还要少量盐和油帮一点点忙。
玉子烧又叫“厚蛋烧”，是只用鸡蛋做的料理。做法简单，味美，好看，不是简单的鸡蛋饼哟。
第一次这么大的镜头，好紧张。

制作开始！

我们去变身玉子了。
每个好鸡蛋都会有打散煮熟的一天。

顺着一个方向搅动可以减少点气泡，也可以加一点点的牛奶。

1. 鸡蛋加少量盐和胡椒打散。

2. 鸡蛋打好后，锅底擦一层薄薄的油，要是是超级不粘锅的话也可以不用油。

玉子烧是多层蛋饼组合成的，我们要看准时机，胆大心细，把它们卷起来。

3. 锅热后，倒入适量的蛋液，转动锅使蛋液铺满锅底，小火烙蛋液至基本凝固。

4. 把蛋皮从上往下卷，卷的时候稍微紧一点，卷好后的蛋卷捞出备用。

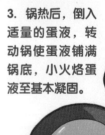

5. 继续摊第二层的蛋饼。

6. 第二层蛋饼基本凝固后，把刚卷好的蛋卷放进锅里同第二层蛋饼一起卷。

加油卷呀。

卷3次　　卷4次　　第5次

7. 重复以上动作直到把蛋饼们卷成一个厚厚的大卷。

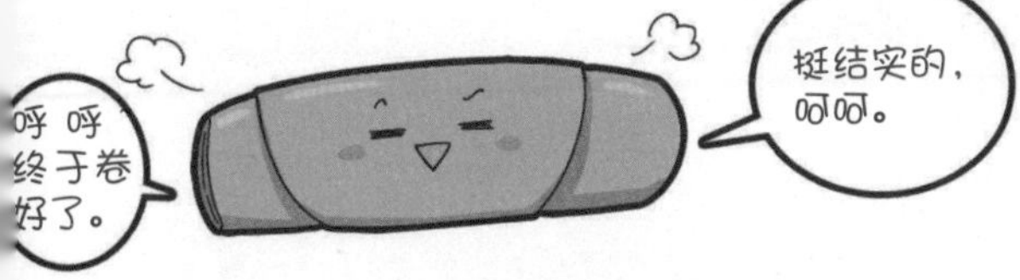
呼 呼
终于卷
好了。
挺结实的，
呵呵。

8. 最后一步——切片装盘，完成！

放片薄荷或鱼香点缀下。
好吧，就把你的杰作给本宫呈上来。
公主陛下，敬请品尝。

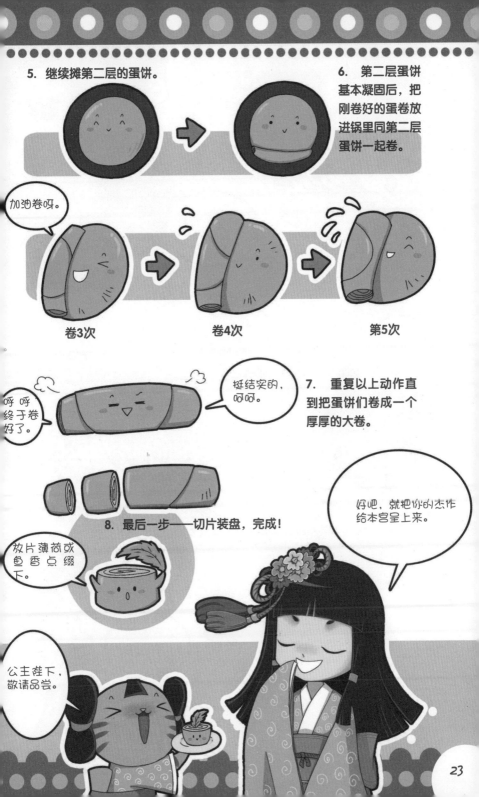

同样，我们还可以增加点花样来丰富下玉子烧。
我们可以在蛋液中添加自己喜欢的食物，如葱、香肠、青红椒、洋葱、肉末等。
这下我更花哨了，不错，不错。
还可以加牛奶、砂糖、芝麻做成香甜口味的。
那赏给你吃好了，本宫减肥。
公主殿下，这个也很美味哦。

墨西鸡肉卷小哥

星座：白羊座

血型：B

性格：热情、奔放、自来熟的墨西鸡肉卷小哥最喜欢结交朋友，什么食物都喜欢包起来吃……

墨西哥鸡肉卷

需要准备的材料有：鸡柳、番茄、黄瓜、鸡蛋、生菜、番茄酱、辣椒酱、沙拉酱、低筋面粉。
墨西哥菜最大的特点就是辣。墨西哥人也是以嗜辣闻名于世的，正宗墨西哥菜，材料以辣椒和番茄为主。
辣椒、粟米、昆虫是墨西哥的三大国食。
我的内心激动，澎湃感由内而发，噢~~~美味的食物，你就要出现在我的面前了，让我为你歌唱一曲吧~~对于美食，我像一个虔诚的教徒一样跪拜在你面前~~美味~哦~咯咯咯~

制作开始！

1. 鸡胸肉切成长条，用刀背拍松。

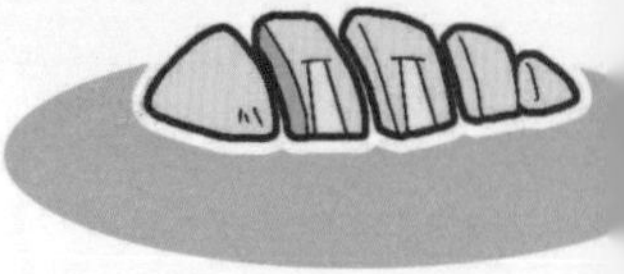

给你鸡胸肉，留我小命吧！
骨肉分离了！

2. 加入蚝油、黑胡椒、料酒腌制2小时入味。

3. 面粉加入鸡蛋、少量水、盐，和成糊，稍微稀一点，好摊饼饼。

PS：要是觉得摊饼太麻烦的话可以直接买春卷皮代替，方便实用呢。

4. 用不粘锅小火将面糊烙成薄饼，不用放油的。

我是空中飞饼！

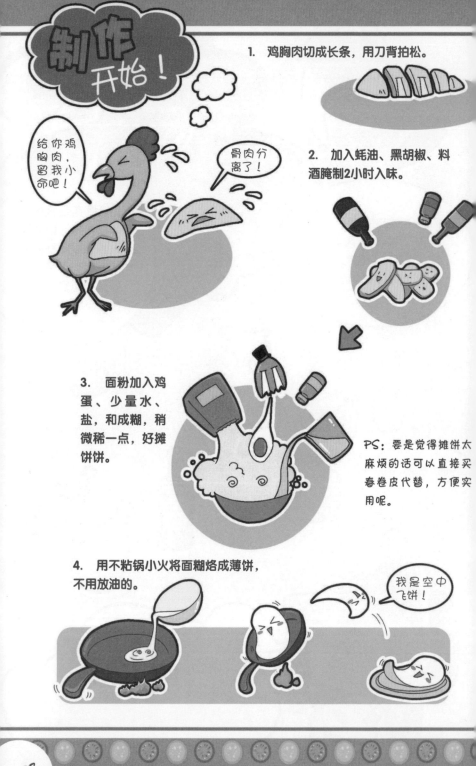

5. 将腌制好的鸡肉粘上面糊（烙饼时留一点，也可买超市里面腌制好的鸡柳）。

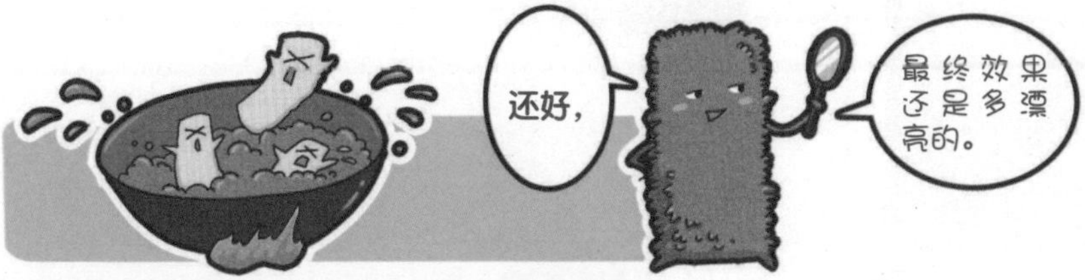

6. 将带面糊的鸡柳放入油锅里面炸至金黄后捞出。

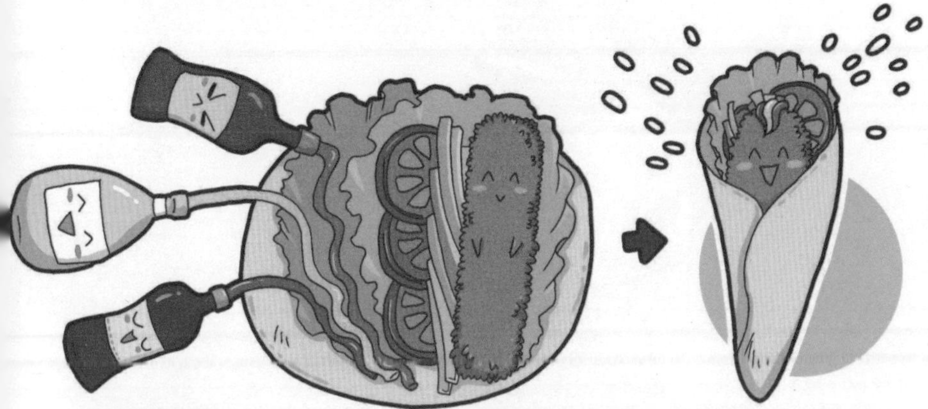

7. 材料组合：
把生菜、切好的番茄片、黄瓜丝、鸡柳放在面皮上，挤上番茄酱、辣椒酱、沙拉酱。最后用面皮将食物卷起来。
哇，真漂亮!

咖喱姬

星座：天蝎座

血型：O

性格：温文尔雅，又不失活泼的咖喱姬最喜欢和彩虹般的食材们一起玩，然后玩着玩着就把它们都丢到锅里了……

咖喱鸡

准备材料：
整鸡（鸡腿、鸡翅均可）、土豆、洋葱、胡萝卜、红椒、青椒、番茄、咖喱块、咖喱粉、椰汁。
这么多角色要出场是不是这道菜很复杂呀？
椰汁
HELP!
不会的，其实很简单呢，你们切碎了炖一起就好了，哈哈！
大姐！我把鸡带来啦。

制作开始！

1. 鸡拔毛后洗净。

2. 斩块。

3. 水烧开，把鸡块下锅焯水2分钟。

要不要切得这么多块……
下油锅木有！下滚锅有木有！

4. 加入2勺生粉，2勺生抽，半勺白糖，1勺料酒抓匀，腌制30分钟。

伤口上撒盐呀！

5. 番茄去皮切块。

我觉得自己变红方糖了。

6. 土豆去皮切块。

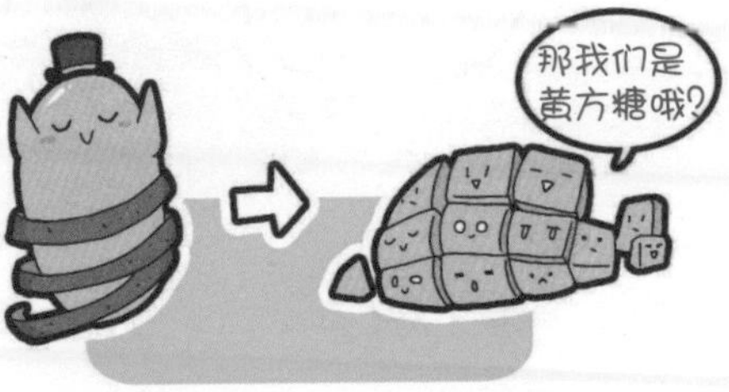

那我们是黄方糖哦？

7. 洋葱切片，胡萝卜切段，青椒红椒切块。

你们听过“蚯蚓”这种动物么？
……

8. 油烧热，炒香洋葱。

9. 倒入番茄拌炒，炒至番茄变软出汁。

番茄也来了呀。
我要融
粘住你

10. 倒入鸡块翻炒均匀。

番茄融化了。
我们番茄肉体消失但精神永存。

11. 炒至鸡肉变白，注入2碗清水与锅内食材一同搅匀。

12. 等水烧沸后，倒入咖喱粉、土豆、胡萝卜。

番茄好像已经化为汤汁了。
土豆也开始化了。

13. 炖。

加上盖子，大火烧沸。
再改小火焖煮20分钟，直到鸡肉、胡萝卜还有土豆都软糯为止。

20分钟后……

14. 加入椰树椰汁、青椒、红椒、咖喱块，大火烧开，再小火煮8分钟。

8分钟后……

15. 闪闪发光的鲜香彩虹泰式咖喱鸡就完成了。

泰国咖喱通常有红咖喱、黄咖喱和绿咖喱之分。
红咖喱辛辣味极重，
黄咖喱辣味较轻，且鲜香无比，
青咖喱辣味较淡，却以清爽之味取胜。
青咖喱适合用来做海鲜，而红、黄咖喱多与肉类同烹，尤其用红、黄咖喱做的咖喱鸡，既可以辣得你泪流满面，又能让你一吃就上瘾。

越南春卷姑娘

星座：魔蝎座

血型：B

性格：害羞的越南春卷姑娘出门喜欢用透明的面纱挡脸，喜欢色彩搭配鲜艳的组合，更爱把这些彩虹色用透明薄纱包裹起来。

越南春卷

需要准备的材料有：越南春卷皮（糯米纸皮）、虾、黄瓜、鸡蛋、香葱、薄荷叶。
我等着吃了，哈哈。
这道如同雾里看花、水中望月，充满朦胧美感的菜品正是源于越南的春卷。是一道养眼、养颜、养生的好菜，同时简单、热量又低，绝对符合爱美的女士。

制作开始！

1. 鸡蛋加少量盐、胡椒，打散调匀。

打蛋液什么的太熟悉了。

2. 用不粘锅把蛋液烙成蛋皮，同玉子烧做法，但只要一层，烙好后晾干备用。

3. 虾子放入沸水中煮至弯曲变红就可以捞出，剥壳挑虾线后备用。

……

4. 葱段洗净，切至10cm左右的长短备用。

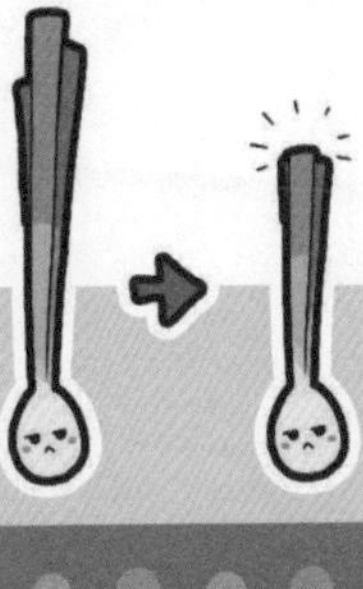

5. 薄荷叶洗净去尘备用。

花市一般有卖哟，网上也有。

6. 黄瓜切成7~8cm的条，备用。

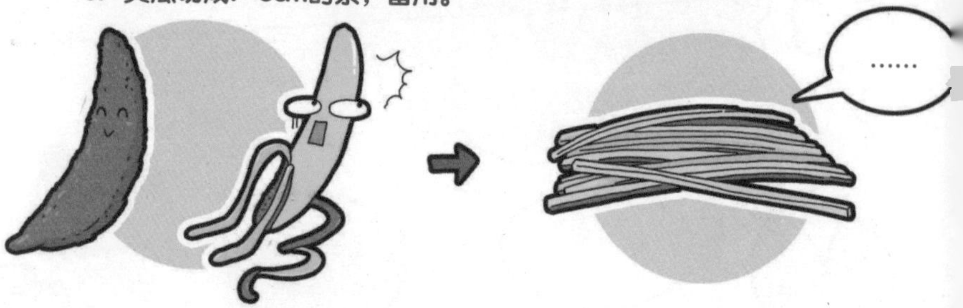

7. 放凉的蛋皮也切丝，备用。

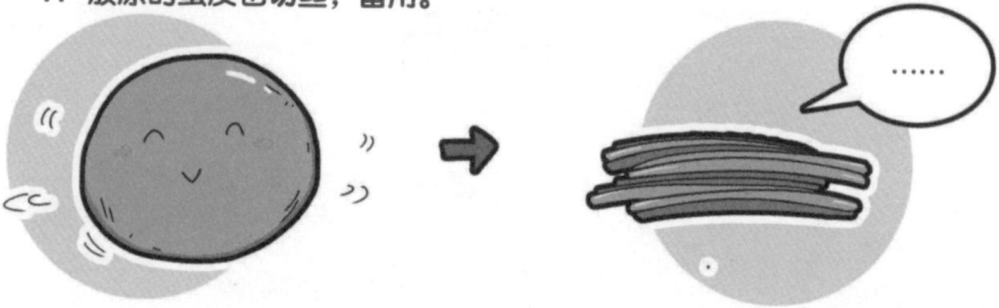

8. 取一盘凉白开水，将越南春卷皮放入其中浸泡20秒左右，至皮子变软、透明即可。

9. 开始卷了，摊开春卷皮，先放上虾，再放上蛋皮丝、黄瓜丝。

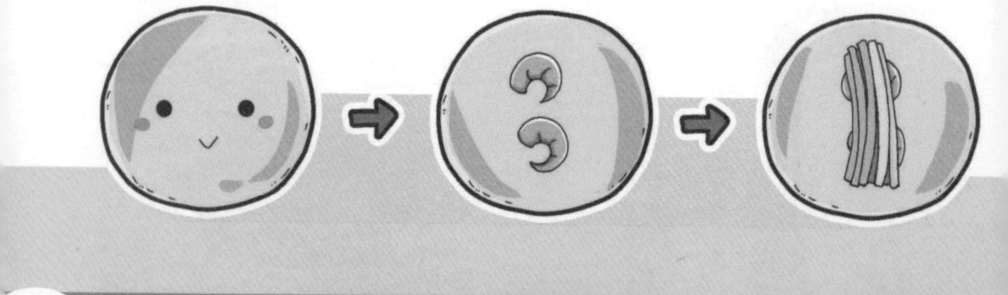

10. 最后放上葱段，把春卷皮向上折、右折，左折、半包围起来。

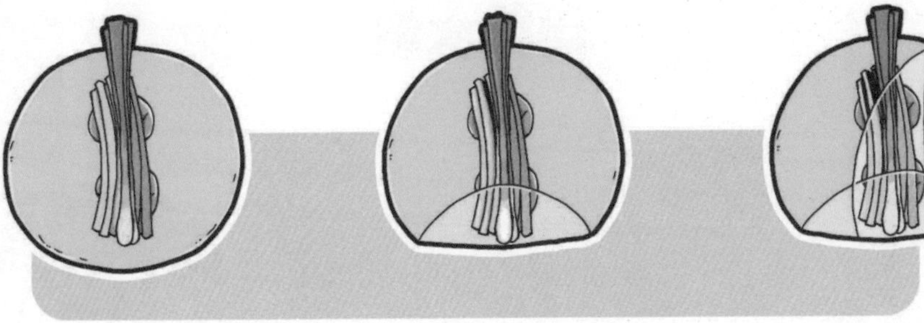

11. 把折好的春卷翻转过来，哇！真漂亮！

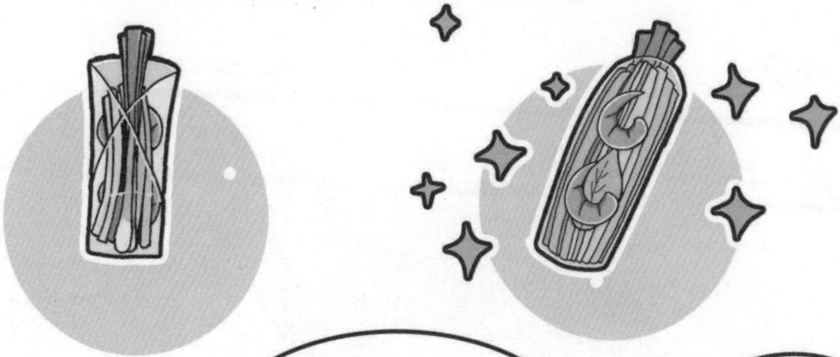

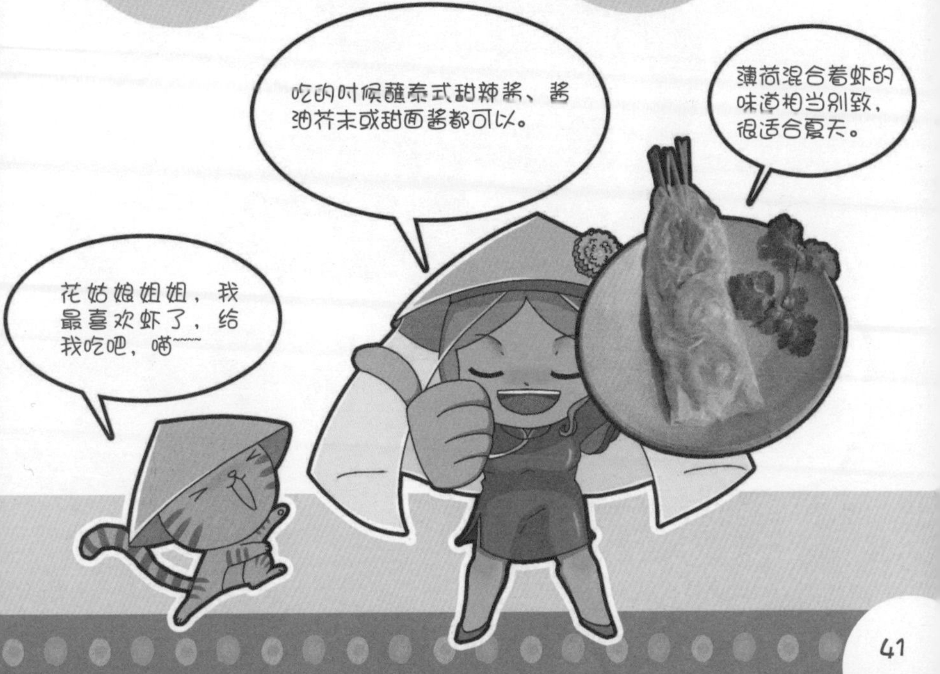
吃的时候蘸泰式甜辣酱、酱油芥末或甜面酱都可以。
薄荷混合着虾的味道相当别致，很适合夏天。
花姑娘姐姐，我最喜欢虾了，给我吃吧，喵~~~

培根大叔

星座：水瓶座

血型：B

性格：培根大叔最大的兴趣就是骚扰各种颜色鲜艳可爱的食材……这猥琐大叔……

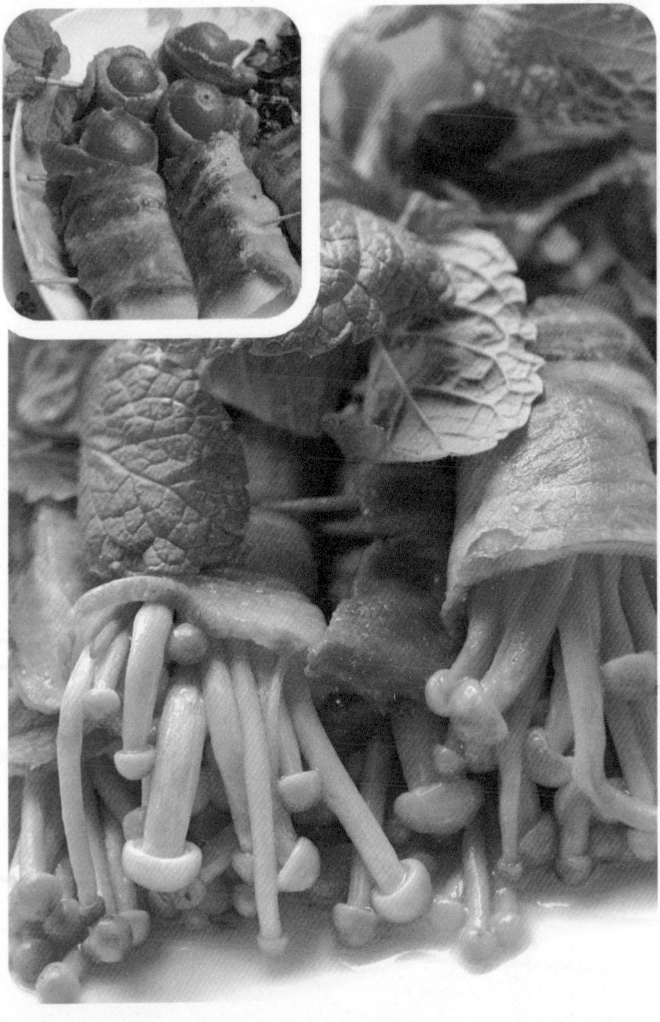

金针菇培根卷

对面的美女看过来。
培根又名烟肉，是将猪未经腌熏等加工的猪胸肉，或其他部位的肉熏制而成。培根切成薄片，放在锅子里烤或用油煎。培根味道极好。
培根金针菇卷，培根很香，金针菇又嫩又多汁，煎出来趁热吃，味道太棒了。
准备的材料：培根、金针菇
小妞长得多标致的，来我家吧，不会亏待你们的。
嘿嘿

制作开始！

1. 金针菇去老根，洗净备用。

洗净后看上去白白嫩嫩的！

2. 取一小撮金针菇用培根卷起来。

3. 卷好的培根金针菇卷用牙签固定好。

哇！中招了！

4. 将串好的培根金针菇卷放到不粘锅上，小火煎至培根金黄、金针菇出水就可以起锅了。

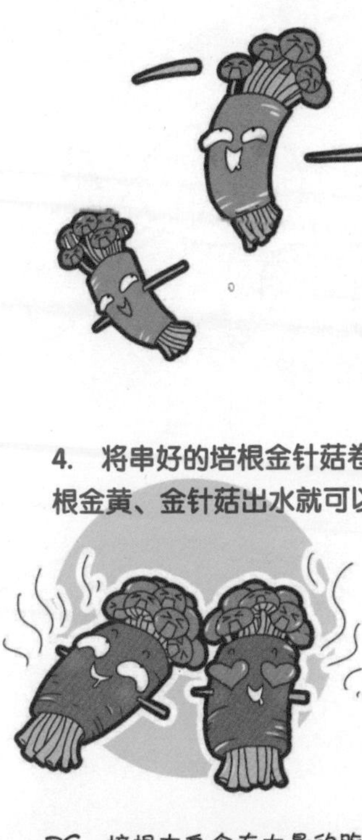

一下就变得美味多汁了！

PS：培根本身含有大量的脂肪和盐，煎的时候就不用另外放油和调料了。

除了金针菇之外，培根大叔还染指了很多其他粉嫩的蔬果……

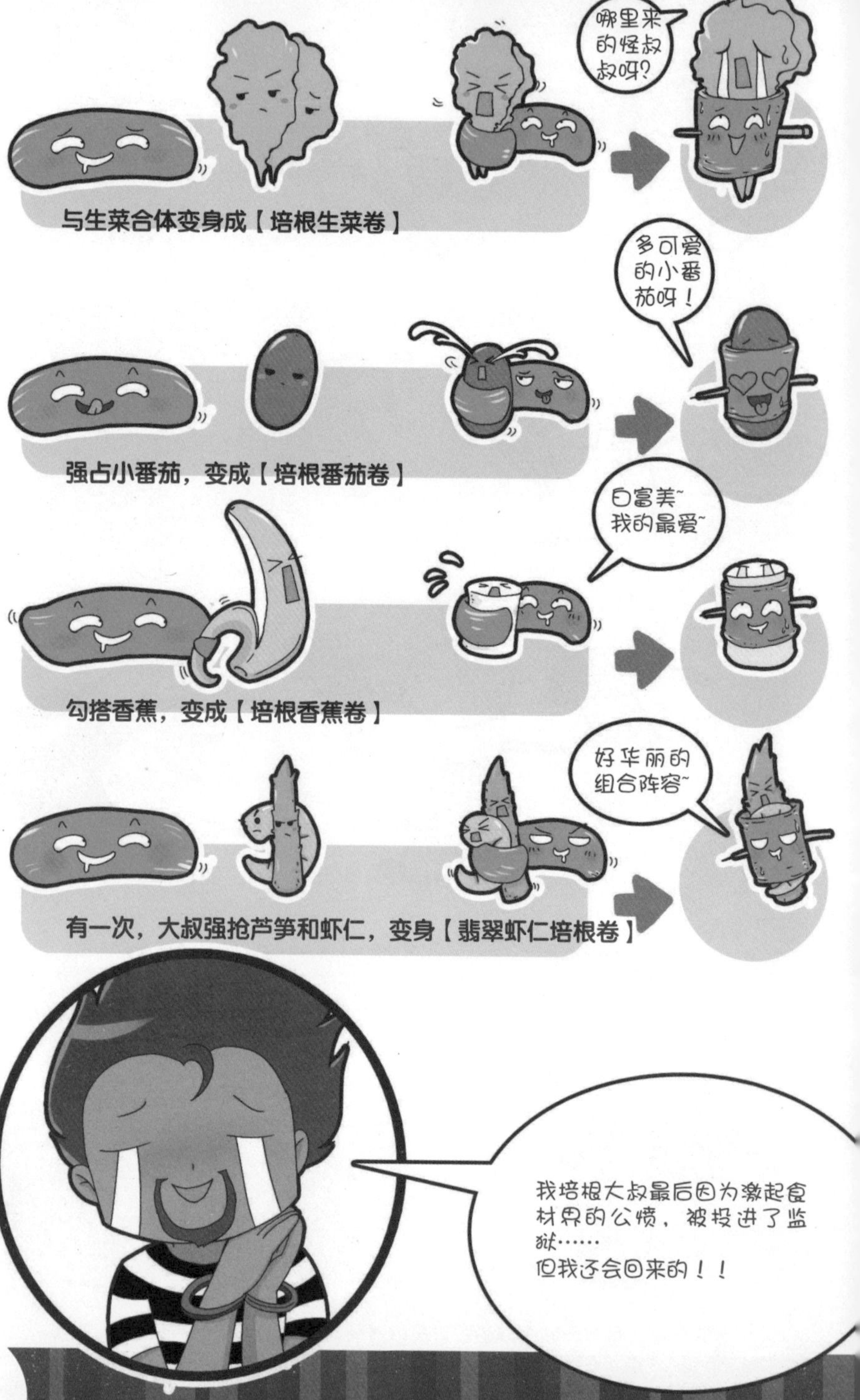
哪里来的怪叔叔呀?
与生菜合体变身成【培根生菜卷】
多可爱的小番茄呀！
强占小番茄，变成【培根番茄卷】
白富美~我的最爱~
勾搭香蕉，变成【培根香蕉卷】
好华丽的组合阵容~
有一次，大叔强抢芦笋和虾仁，变身【翡翠虾仁培根卷】
我培根大叔最后因为激起食材界的公愤，被投进了监狱……
但我还会回来的！！

心形牛排女士

星座：狮子座

血型：AB

性格：有女王范儿的心形牛排女士喜欢众星捧月般的架势，喜欢作为主角出现在众多食材当中，红酒先生和她相当要好，经常作为她的舞伴出现在各种聚会中。

必杀技：动感秋波。

心形牛排

准备材料：
牛排、红酒、黑胡椒、酱油、糖、盐、料酒、牛排调味汁。
为了方便，牛排可以去超市直接买切好的或去网上买腌制好的。
西冷牛排也叫沙郎牛排，是外脊肉，牛的后腰肉，含一定肥油，外延有一圈呈白色的肉筋，口感更有韧性。
菲力牛排，也称牛里脊，腰内肉，瘦肉较多，高蛋白，低脂肪，比较适合喜欢减肥瘦身，要保持身材的女子。
你们想吃我哪个部分？
T骨牛排，是牛背上的脊骨肉，呈T字形，两侧一边是菲力，另一边是西冷，既可以尝到菲力牛排的鲜嫩又可以感受到西冷牛排的芳香。
我要吃菲力牛排。
因为最嫩。

制作开始！

1. 将牛排用刀或剪刀做成心形。

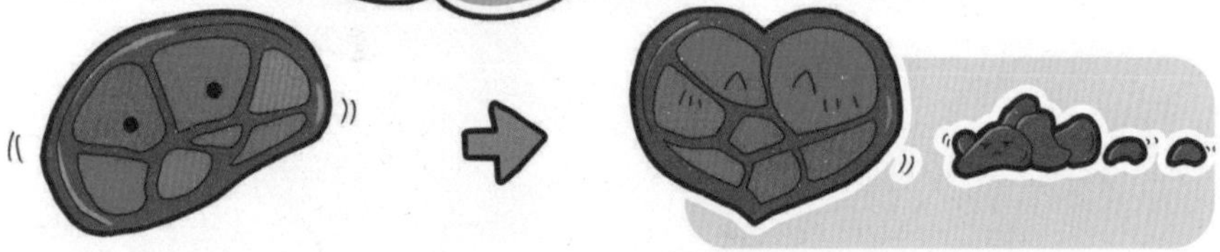

2. 做好形状的牛排加酱油、黑胡椒、料酒、少许糖腌制2小时。

2小时后就很入味了。

3. 煎锅里面放点牛油或橄榄油。

4. 小火慢煎，根据自己喜好选择几分熟。

其实我渴望滚一圈油香，匝淋淋地出场，这样比较震撼。
煎至边上微黄就可以了。
肉质好的话可以煎生一点，口感比较滑嫩。喜欢吃香一点的就多煎一会儿。

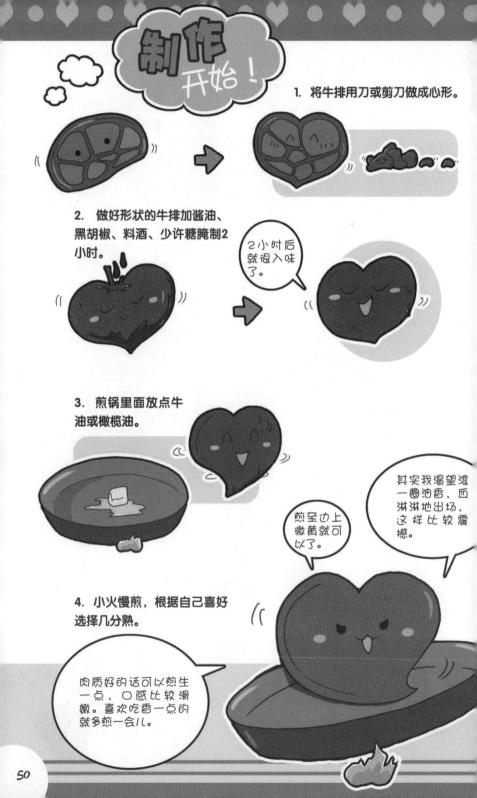

5. 牛排煎好后，起锅的时候倒一点红酒，于是……
吓死我了~~
这么一下，顿时身上充满了酒香。
终于可以起锅了。
6. 最后装盘浇上网上买的黑胡椒汁或香草汁就可以吃了。
装盘什么的很重要哟，有卖相才能吸引他。
不错的味道。配上一点红酒真是太完美了。
真有卖相呀！哈哈！

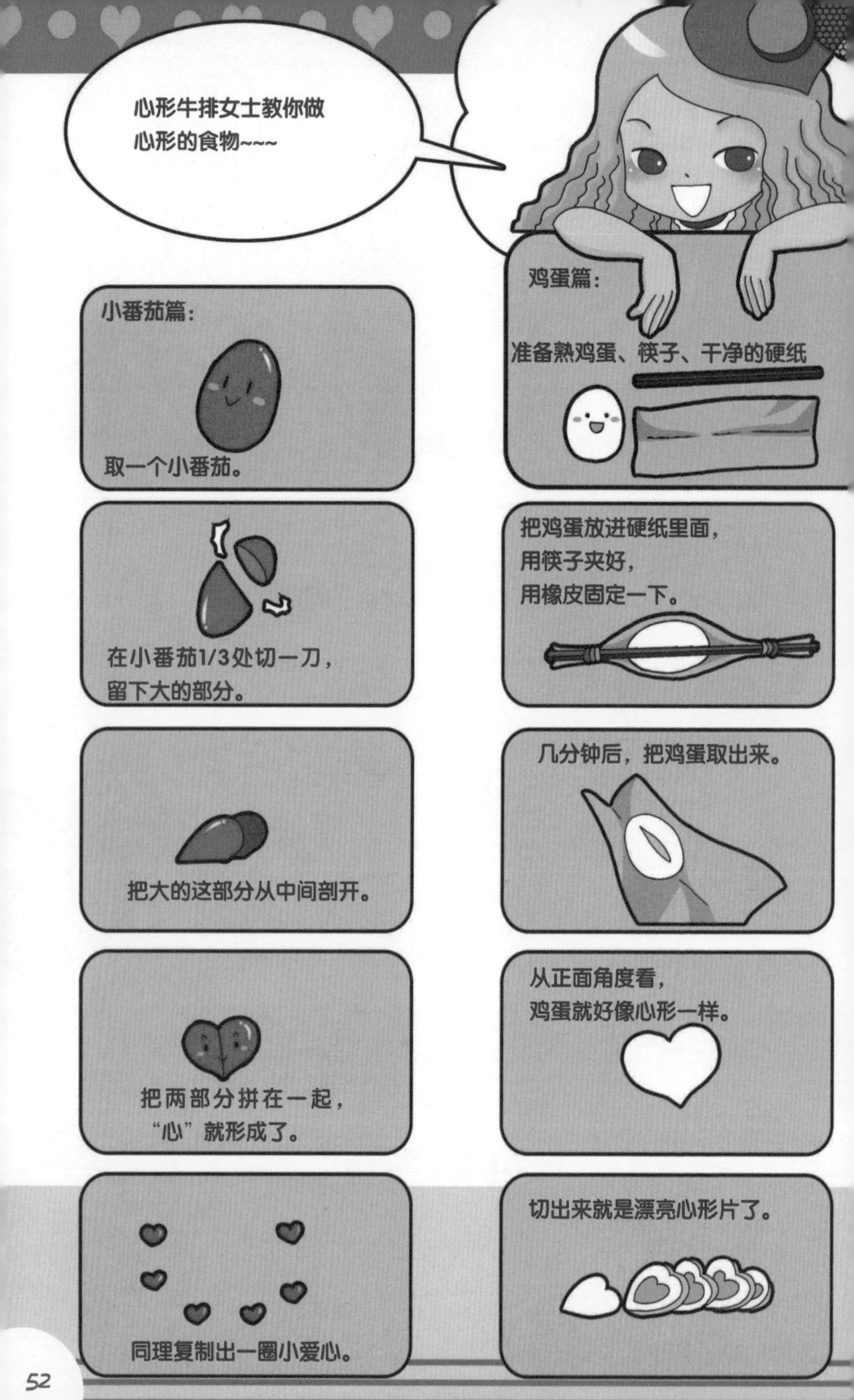
心形牛排女士教你做
心形的食物~~~
小番茄篇：
取一个小番茄。
在小番茄1/3处切一刀，
留下大的部分。
把大的这部分从中间剖开。
把两部分拼在一起，
“心”就形成了。
同理复制出一圈小爱心。
鸡蛋篇：
准备熟鸡蛋、筷子、干净的硬纸
把鸡蛋放进硬纸里面，
用筷子夹好，
用橡皮固定一下。
几分钟后，把鸡蛋取出来。
从正面角度看，
鸡蛋就好像心形一样。
切出来就是漂亮心形片了。

砂锅鱼头君

星座：摩羯座
血型：B
性格：喜欢早上去打太极拳，喝喝茶，钓钓鱼，散散步什么的。最喜欢和葱姜蒜三兄弟一起出现，害怕甘草。

砂锅鱼头

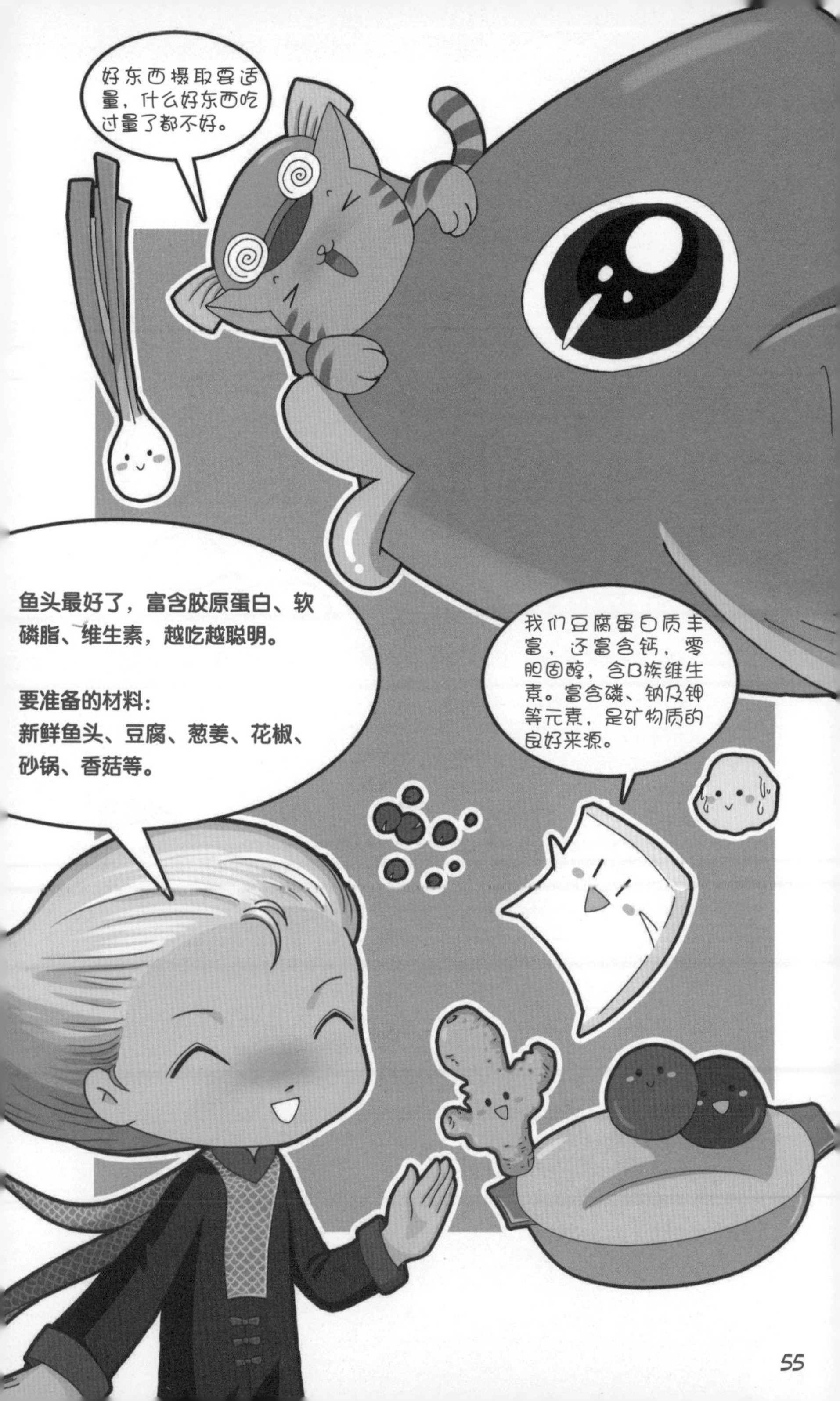
好东西摄取要适量，什么好东西吃过量了都不好。
鱼头最好了，富含胶原蛋白、软磷脂、维生素，越吃越聪明。
要准备的材料：
新鲜鱼头、豆腐、葱姜、花椒、砂锅、香菇等。
我们豆腐蛋白质丰富，还富含钙，零胆固醇，含B族维生素。富含磷、钠及钾等元素，是矿物质的良好来源。

制作开始！

1. 鱼头洗净去鳃，豆腐洗净切块。

2. 生姜洗净，用菜刀拍扁备用。

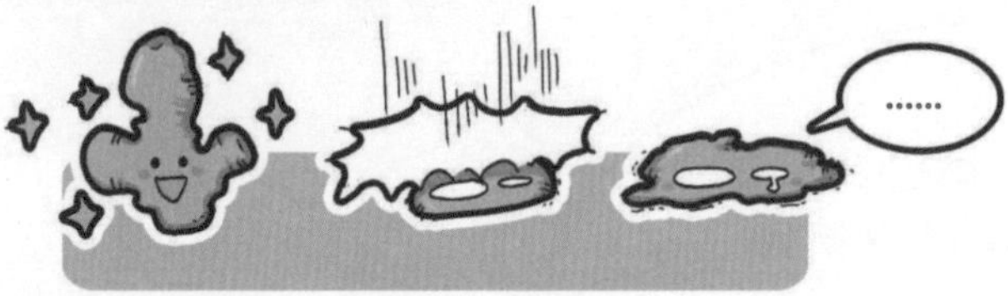

3. 把锅烧热，倒入麻油，再加点猪油或猪肥膘（加点猪油要香很多），油烧热后放入几粒花椒炒香。

4. 下鱼头煎至微黄。

5. 加入葱姜煎至鱼头金黄。

6. 加入高汤或开水，烧沸后倒入砂锅中。

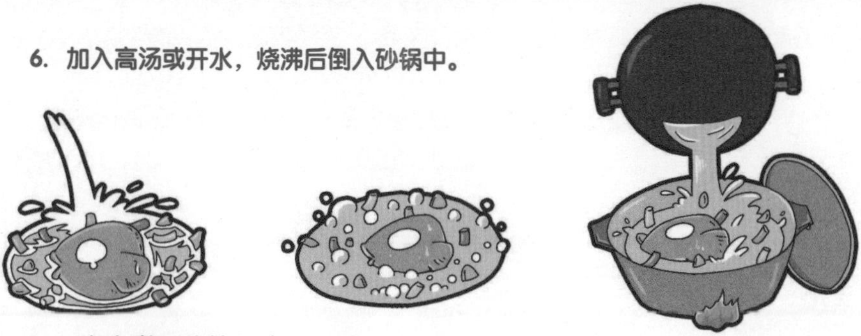

7. 中火煮10分钟，这个时候可以稍微加点牛奶，不但可以去腥，还能使鱼肉酥软白嫩，汤汁更加鲜美。

8. 10分钟后，加入焯过水的豆腐、香菇炖5分钟就大功告成了。

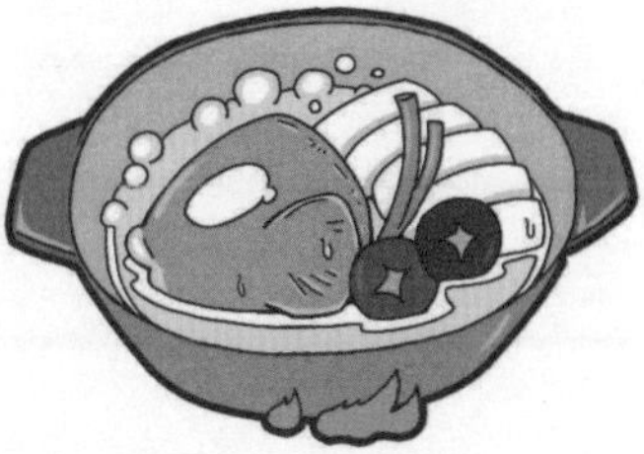

鱼脑中含有全面丰富的营养。砂锅鱼头采用砂锅工艺，口味咸鲜味。味道清香，肉质鲜嫩，汁浓味鲜，鲜而不腥，肥而不腻，汤色乳白如汁、清纯如雪。

紫薯苦瓜圈小弟

星座：巨蟹座
血型：A
性格：整天苦着脸的紫薯苦瓜圈小弟也有他积极进取的一面，为了消除身上的苦，不惜上开水山，下油锅。

紫薯苦瓜圈

咱苦瓜可是食疗佳品，能促进饮食、消炎退热，防癌抗癌，降低血糖。总之，多吃我就对了。
咱家的蜂蜜也是宝呀~能护肤美容，抗菌消炎、促进组织再生，促进消化，提高免疫力，促进长寿等。
你们慢慢比，我睡一会儿……
大家准备好苦瓜、紫薯、蜂蜜就可以了。
总之，我们这次能 出好吃健康又好看 料理，大家一起加 吧！

制作开始！

1. 紫薯洗净，去皮。

2. 把去皮紫薯放入蒸锅中待紫薯变软后取出。

3. 把蒸好的紫薯放进碗里，加入蜂蜜，用勺子捣成紫薯泥。

4. 苦瓜洗净，去两头掏出瓜瓤。

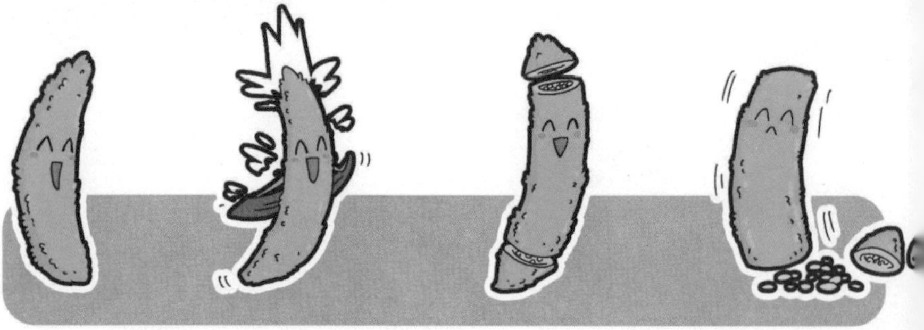

5. 烧一锅水，水开后加少许盐，苦瓜焯熟后捞出，不要煮得太软了哟。

加盐焯水能帮助去苦味。
盐

6. 捞出的苦瓜放凉水里冷却一下取出，别长时间泡水里。

去掉了苦味的我在闪闪发光哟。

7. 苦瓜充分沥干水分后用紫薯泥填满压紧实。

小样，看上去不错呀。
……
装填完毕！

8. 切片装盘，紫薯苦瓜圈就完成了。

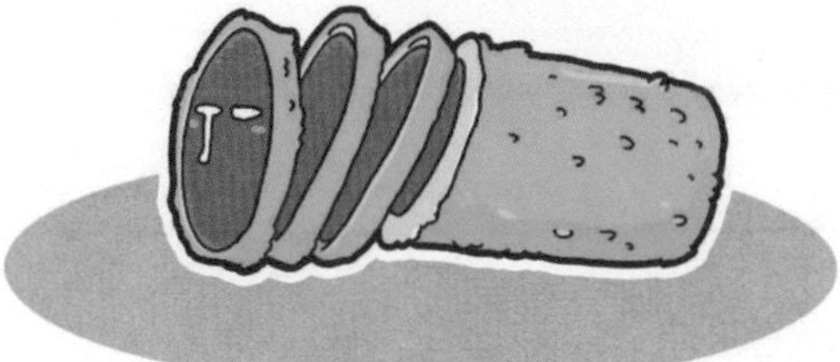

这是清凉解暑的食物，虽然不是很适合喵星人。
苦瓜还是一种天然护肤品，其富含的维生素C可促进皮肤的新陈代谢，使皮肤更加细腻光滑。想用苦瓜减肥，腌制或煎汤成凉茶再或是榨成苦瓜汁，都是不错的选择。
美味与美丽兼备的食物！

除了紫薯苦瓜圈，苦瓜和其他食物搭配也很美味哟。
哦，这个我喜欢，我还是中意有肉的料理！
苦瓜圈酿肉——把肉末灌进苦瓜圈里面蒸熟。
貌似和紫薯苦瓜圈差不多。
还可以中间填充土豆泥。
你丫随便乱想的吧，难道你是黑暗料理界的？！
还可以放章鱼……
豆腐泥，
糯米饭。

咸蛋蒸肉饼妹子

星座：天秤座

血型：O

性格：有点小害羞，又有点粘人。扮委屈撒娇的本事可是一流的。

咸蛋蒸肉饼

耶~~猪大爷我终于出场了~
好激动呀~
猪肉含有丰富的优质蛋白质和人体必需的脂肪酸，并提供血红素和促进铁吸收的半胱氨酸，能改善缺铁性贫血；具有补肾养血，滋阴润燥的功效。
大家快去准备肉末、咸蛋、豆腐、葱姜。
在下
咸蛋超人
是也！
鸭蛋经盐腌一段日子，具有特别的咸香味，与猪肉糜拌在一起，蒸成肉饼，是广东各地家庭常用菜肴。

制作开始！

PS：觉得剁肉麻烦可以直接买肉末，但手工剁肉要比绞肉滑嫩、有筋道。其实在剁肉的时候是很好的发泄时间，还可以顺便减肥。

1. 猪肉剁成肉末。

2. 把咸蛋的蛋黄和蛋白分开。

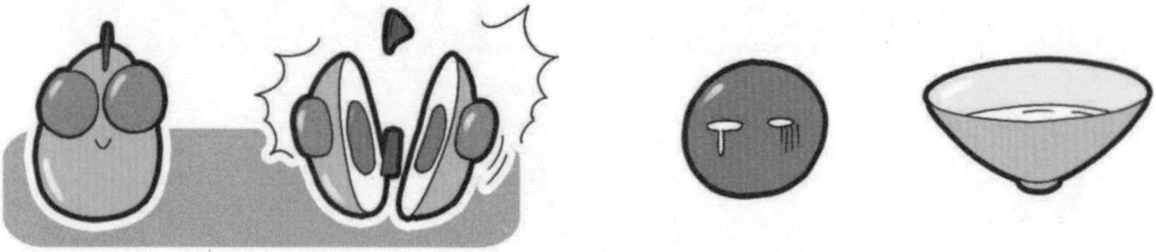

3. 葱、姜、豆腐一并剁碎。

4. 肉末中加入咸蛋蛋白、葱、姜、豆腐末、鸡蛋，再加上淀粉、胡椒、鸡精、少量料酒和盐。

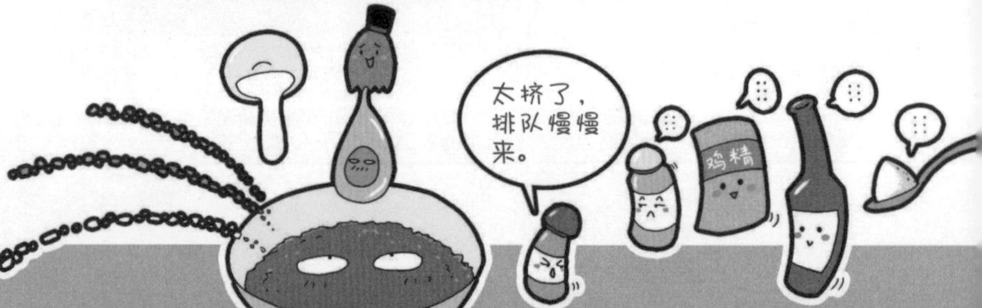

5. 把以上材料拌均匀。

6. 把和好的肉饼放入蒸碗中，再把咸蛋黄放到肉饼中间。

7. 大火烧开后中火蒸。

8. 耶~~完成！

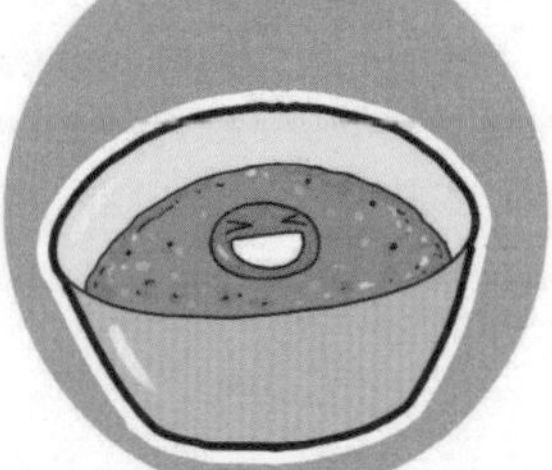

糖醋排骨大侠

星座：射手座
血型：AB
性格：路见不平，拔肉相助的类型。喜欢糖衣色，在哪里都能混得风生水起。

糖醋排骨

猪先生，听说你想当明星，我来给你制造出场机会。
这次需求营养丰富的排骨~~这些富含蛋白、脂肪、维生素还有骨胶原、骨蛋白的猪小肋排，还有补钙功效，特别适合我这种行走于江湖的大侠食用。
你就从了我吧！嘿嘿！
准备材料：
猪小排、葱、姜、料酒、糖、醋、老抽。
我就说你还有机会出场嘛。
醋
我都想哭了，以肉换出场，这个潜规则我有点HOLD不住了。
大侠饶命呀！！留我小命~~

1. 猪小排洗净。

2. 切成大小相等的块。

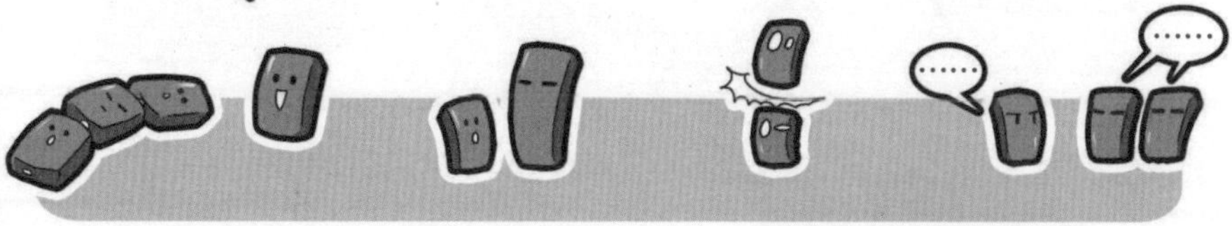

3. 取出汤锅，注入清水，小排冷水下锅。

4. 水开后撇去血沫，放入葱段、姜片、大料，转小火炖30到60分钟，这个时候，可以看看电视，打打副本什么的。

5. 排骨煮好后捞出，放一边沥干水分。

现在的肉色白白的，好难看呀。
……
好热~
一会儿上下糖色就漂亮了。

6. 做调味汁：1勺料酒、2勺老抽、3勺糖、4勺醋、5勺清水。

7. 油烧热后倒入排骨，小火煸炒至金黄。

哈哈！
金黄
排骨。
啦啦啦~

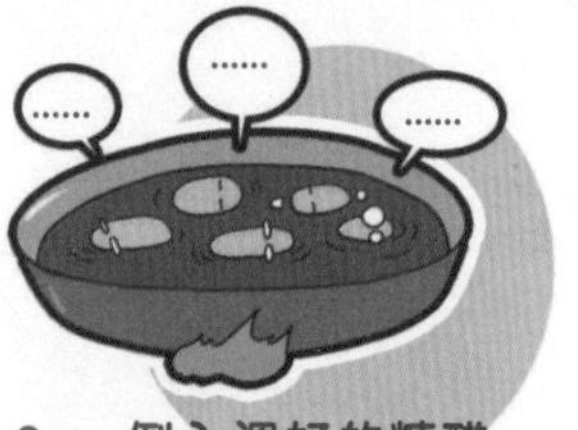
……
……
……

8. 倒入调好的糖醋汁，分量最好能没过排骨。

……
……
变红了！
太欢乐了。

9. 大火煮开后小火慢慢炖入味，汤汁快干时大火收锅。

很下饭的开
呢！姐姐我喜
出锅时可以根据自己的喜好再加点醋什么的，好像撒点香葱芝麻什么的也挺不错。

土豆泥弟弟

星座：天秤座

血型：O

性格：常常伪装成一摊扶不起来的烂泥来扮猪吃老虎，喜欢"植物大战僵尸"里面的坚果，总说他们是亲戚，喜欢鸡汤和黄油。

土豆泥

马铃薯泥，中国大陆叫土豆泥，香港称为薯蓉。是将煮好的土豆捣烂，再加入各种调料的食物。流行于美国和欧洲。
准备材料：
奶酪、盐、花椒粉、黑胡椒、鸡汤。
土豆可以什么的干活？
假装坚果扮萌。
抵御僵尸！
吃！

制作开始！

1. 土豆洗净切几大块。

2. 放入容器中。

3. 上锅蒸20分钟，或蒸饭的时
顺便一起蒸。

20分钟后……

4. 蒸好的土豆块去皮准备捣成泥。

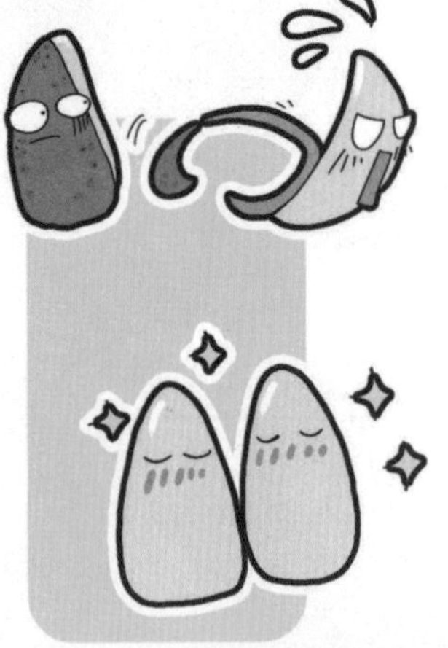

5. 各种捣成泥的办法。

方法1：

轻松搞定!
……

土豆放菜板上　　用刀背碾压下去　　土豆泥压好了

方法2：

完成任务!
……

土豆放保鲜袋中　　用擀面杖碾压过去　　土豆泥压好了

方法3：

哈哈~~

土豆放碗里　　用大勺子碾压下去　　土豆泥再次压好了

为示范个土豆压成泥……
活生生地把我压扁复活足足3次呀。
悲剧。

6. 压好的土豆泥放入碗中，加入奶酪、盐、花椒粉、黑胡椒、鸡汤。

7. 把以上材料搅拌均匀。

8. 放入蒸锅隔水蒸10分钟就好了。

9. 10分钟后，气呼呼的土豆泥小弟闪亮登场了。

多美味的食物呀，不愧是让僵尸都喜爱的食物。
我代表僵尸来向土豆泥发动进攻！

可乐鸡翅小妞

星座：狮子座
血型：O
性格：爱笑爱喝可乐，喜欢泡泡装、泡泡浴。想成为梦露一样的神话然后被人关注。

可乐鸡翅

可乐鸡翅是一道常见的家常美味菜肴。
有许多种做法，但主料均为鸡翅、可乐、酱油。味道鲜美，色泽艳丽，鸡翅嫩滑，又保留了可乐的香气，深受广大食客喜爱。
赶快动手制作吧！！
如此欢乐的菜怎么选择了这么个暴力的出场模式，要不我给你们几个鸡蛋吧。

制作开始！

1. 可乐鸡翅最好选取鸡中翅，好吃肉又嫩~做出来也超有卖相。

2. 将中翅表面改几刀，方便入味。

3. 用老抽、花椒粉、少量料酒把鸡翅腌一下，30分钟到2个小时左右吧。

4. 一段时间之后，鸡翅已经上色入味了，可以预备下一步了。

5. 把锅烧热，倒入少量香油和姜片。

6. 鸡翅下锅，小火煎至表面凝固。

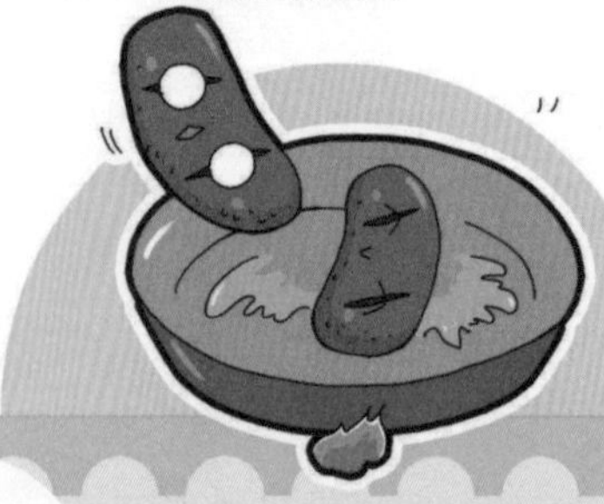

7. 倒入可乐，可乐稍微没过鸡翅，再把腌制鸡翅的酱油也倒进去一起炖。

8. 煮开后转小火，慢慢把可乐汁收干。

酱汁已经黏附在
表面了，看上去
真诱人呀。

可乐的甜味使鸡翅
更加美味，二氧化
碳的加入使鸡翅更
加软糯。
请品尝!

9. 收汁、装盘。

如此诱人的我
们肯定要倾倒
众生了。

其实可乐鸡翅还有一个超级懒的做法，不会比泡方便面难。

1. 将鸡翅、可乐、老抽、姜片、花椒粉、料酒都倒入电饭煲内。

2. 盖上盖子，按下煮饭开关。

3. 直到电饭煲煮饭键自动弹起，好吃又有卖相的可乐鸡翅就做好了。

蛋包饭姐姐

星座：魔蝎座

血型：B

性格：含蓄、害羞的蛋包饭姐姐最喜欢收藏，各种看似无用的东西都被她小心翼翼地藏起来，直到有天突然发现其中的大惊喜。好朋友番茄酱常常说她是一个宝葫芦。

蛋包饭

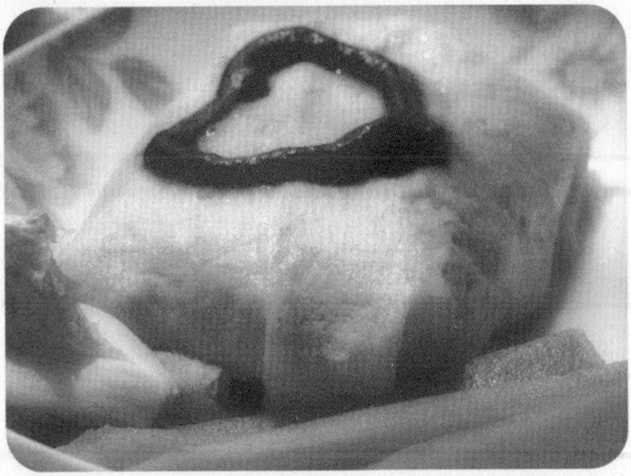

蛋包饭是一种比较普通的主食，一般是将鸡蛋煎成厚薄均匀的蛋皮，再放上炒好的炒饭和其他各种材料包好制成。了解了这个原理，我们就可以大大地发挥自己的想象咯。
需要准备的材料：
鸡蛋、米饭、虾仁、番茄酱、洋葱、黄瓜、红椒、香葱。
做出来的蛋包饭如清云之闭月、流风之回雪，每次揭开蛋皮都能花样百出。
听上去好像很不错的样子也，我们鸡蛋又可以风光一次了！
色彩好像很丰富，不输给咖喱鸡呢。

制作开始！

1. 鸡蛋加少量盐打散调匀。

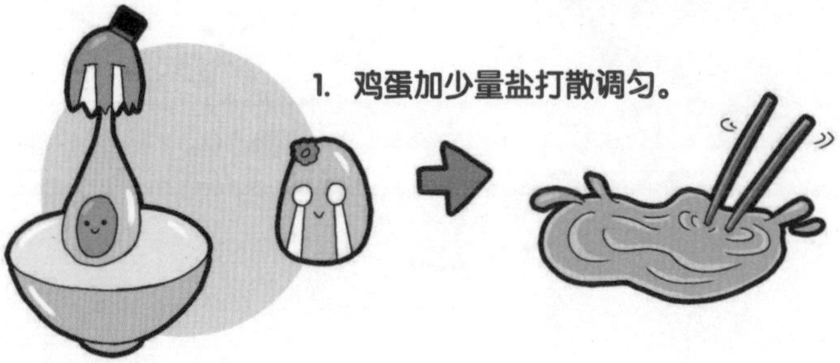

2. 各配菜全部切成丁。

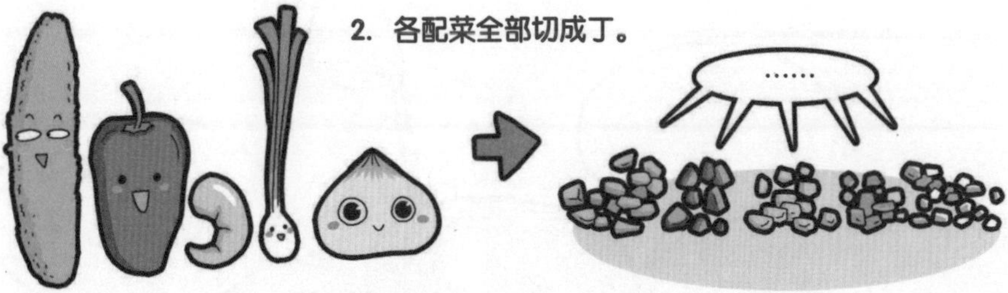
……

3. 锅中放少量油，把切丁的食材倒下去煸炒一下。

其实就是什锦炒饭嘛，话说制作炒饭，隔夜饭更好！

4. 食材炒出香味后把冷饭倒入锅内翻炒。

5. 饭炒热后加盐、香葱，炒匀起锅备用。

颜色看上去真不错，色彩丰富的同时，各种维生素、营养也都涵盖了。

6. 为我们的蛋包饭摊一件美丽的蛋皮外衣，一定要小火煨熟，少油或不用油，油多就成鸡蛋花一样发泡了。

耐心点，慢慢来，一定要做好看哟。
再怎么说我也是蛋包饭的主角，卖相什么的都靠我了。

7. 将蛋皮和炒饭结合起来。

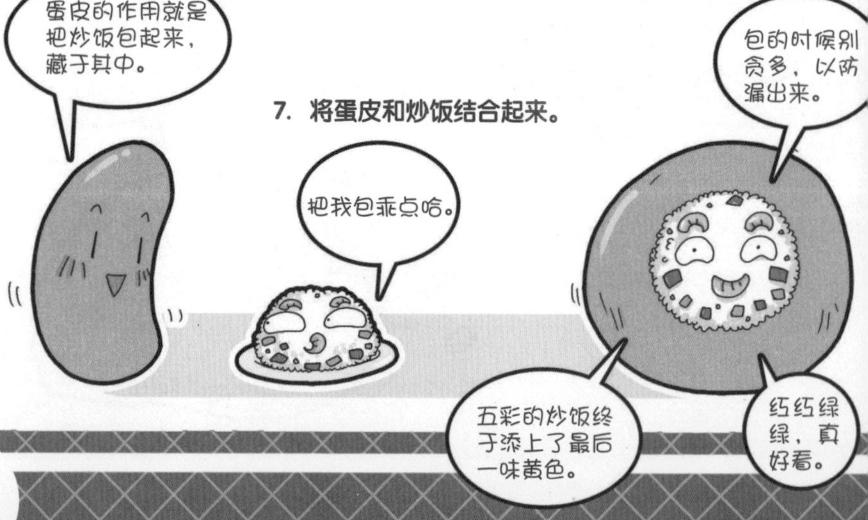
蛋皮的作用就是把炒饭包起来，藏于其中。
把我包乖点哈。
包的时候别贪多，以防漏出来。
五彩的炒饭终于添上了最后一味黄色。
红红绿绿，真好看。

8. 包的时候我们可以发挥小学叠手绢的功夫，包成各种形状。

方形

半圆

长条

皮蛋瘦肉粥哥哥

星座：处女座

血型：B

性格：心静如水的皮蛋瘦肉粥哥哥喜欢小声唱歌，养养鸟、种种菜什么的。由于性格好，什么食材都能和他成为好朋友，甚至成为最佳搭档。

皮蛋瘦肉粥

皮蛋的营养成分与一般的蛋蛮相近的，经过烹饪使蛋白质及脂质分解，变得较容易消化吸收，胆固醇也变得较少。
既来之则食之，坦然面对自己的命运吧。
饶命呀！
我不想在这部漫画里露面了！
为了做出好吃养生的美粥，大家请准备米、皮蛋、猪肉末。

制作开始！

1. 皮蛋洗净，剥壳切成小块。

2. 剁好的肉末加盐、香油、姜沫拌匀。

3. 大米洗净。

4. 大米下锅，煮开后转小火慢慢熬，熬个半个小时40分钟的，直到白粥形成。

5. 把猪肉末、皮蛋粒放入白粥中，再熬5到10分钟。

6. 10分钟后，加入盐，我们的粥就熬好了。

7. 起锅装个盘，再点缀点皮蛋装饰。

虽然才吃了美味的皮蛋瘦肉粥，但我还想吃点其他的粥~
来举一反三吧！
下面再介绍几
同样美味的粥，
同样很简单，
以边打游戏边
作的！

在大排档或粥面专门店，通常店主都会煮好一大锅白粥，称为粥底。烹调时只要把主料准备好放入碗内，再倒上滚热的热粥便可上桌。但在家里制作的话，则建议把主料和调料调好味以后，再倒入煮好了的粥里一起煮，这样吃起来的粥才会有好味道。

于是我们可以根据自己口味做出很多味美丰富的粥品。

加菠菜、小白菜

蔬菜粥

加百合、冰糖

百合粥

加猪肝、香菜

香菜猪肝粥

加鲜虾、豌豆

鲜虾粥

加香菇、鸡肉

香菇鸡肉粥

加鱼片

滑嫩鱼片粥

番茄酿牛肉妹妹

星座：双鱼座

血型：A

性格：个性豪爽的番茄酿牛肉妹妹特别有个性，不但不怕大红大绿，还把这种搭配发挥到了极致，最喜欢色彩鲜艳的东西。

番茄酿牛肉

牛肉与番茄的组合总会派生出神奇的力量，那是让人无法阻挡的魅力。在红彤彤的番茄中静悄悄地蕴藏着美味的牛肉。
等待着众人的品尝。
准备材料：
番茄、牛腩肉、葱姜、鸡蛋。
材料准备好了，我们就动手吧！
嘿嘿！

制作开始！

1. 番茄洗净去皮切块，掏去中间的瓜瓤。

2. 牛腩肉剁碎。

3. 牛肉末加姜末、料酒、盐、蛋清、嫩肉粉调味腌制20分钟。

4. 把腌制好的牛肉末填到番茄中间。

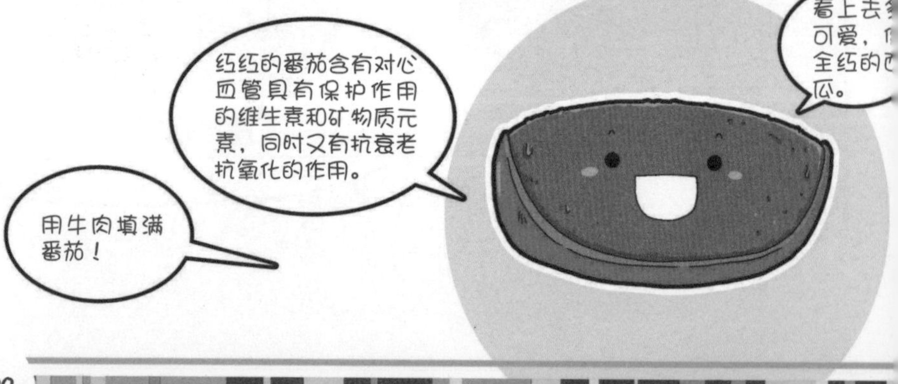
看上去
可爱，
全红的
瓜。
红红的番茄含有对心血管具有保护作用的维生素和矿物质元素，同时又有抗衰老抗氧化的作用。
用牛肉填满番茄！

填好馅的番茄牛肉垫一块黄瓜片在下面，就可以上锅蒸了。

5. 上锅蒸15分钟，牛肉熟了就OK。

6. 在蒸出来的番茄酿牛肉上撒点姜丝和葱丝就完美了。

芳香扑鼻，我自己都被自己感动了。
其实也有用整个番茄掏空酿的，不过我现在这个样子入口比较方便。

如果满分是10分的话我打12分！
好洋气的料理呀！
对喵星人来说，有肉的美味料理总能让我更加陶醉，我喜欢！大力推荐！

茄汁猪蹄妹

星座：金牛座

血型：AB

性格：茄汁猪蹄妹是整个家族中最贪吃的，鬼灵精怪，总是想着如何一菜多吃。

茄汁猪蹄

准备材料：
猪蹄、番茄、黄豆、大葱、姜。
立秋之后随着天气转凉，民间自有“贴秋膘”之说。伏天人们胃口差，不喜油腻，天凉了胃口自然就好，所以会“以肉贴膘”。不过虽然早已立秋，天气仍然不是很凉快，这几日天气很凉爽，想着贴秋膘，所以用茄汁来炖猪蹄，可以解油腻，使得猪蹄更爽口，再加上黄豆有很好的消化作用。所以虽是肉食，仍然还是非常有味不油腻。
人家不要露面了……手都没了……太暴力了！5555~~~~~

制作开始！

2. 用大碗清水加半碗料酒浸泡猪蹄半个小时。

1. 猪蹄买回来洗净切块，让菜市的阿伯帮切更好，稍微小一点，顺便把买回来的猪皮也切小块，一会儿顺便做皮冻。

3. 浸好的猪蹄还有切块的猪皮冷水下锅，焯水。

（PS:这里冷水下锅可以让做出来的猪皮更加软糯，还可以焯掉多余的脂肪和血水。）

4. 水沸2分钟后捞出猪蹄和猪皮，用冷水洗净。

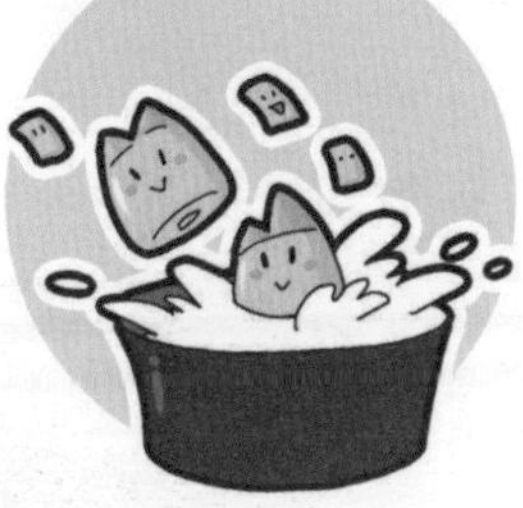

5. 黄豆洗净，姜块切片，大葱切段。

（PS：黄豆要提前浸泡，可以头天晚上泡起，第二天使用。）

6. 另起一锅清水，猪蹄猪皮冷水下锅，可以多放点水，需要蛮长时间的。

7. 水开后加入大葱、姜片、黄豆、几块冰糖，中火熬煮1小时（黄豆可是软烂的关键哟）。

8. 熬的时候要时不时地搅动一下汤汁。

9. 一小时后，捞出除猪皮外的东西，可以留小部分黄豆在锅里。

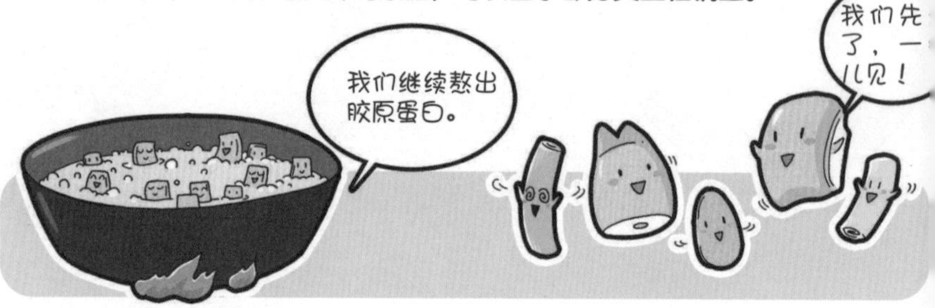

10. 再次把锅烧热，倒入油，把番茄倒下去翻炒直至出汁。

11. 倒入猪蹄、黄豆、新鲜葱段和姜片。

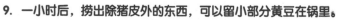

12. 倒入番茄酱继续翻炒。

13. 加入冰糖和旁边还在熬的皮冻的汤汁。

14. 待汤汁差不多快收干，加入适量的盐和鸡精调味，茄汁猪蹄就做好了。

与此同时……

1. 小火还在熬煮着肉皮。

2. 又过了一个小时。

总共经过2个小时的煎熬，皮冻差不多也熬好了。

汤汁放凉放冰箱冻凝固。

3. 把肉皮汁倒入容器中。

4. 放冰箱。

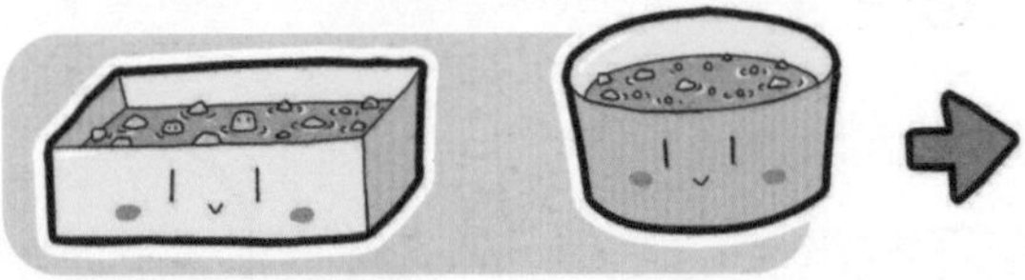

5. 冻好的肉皮汁就成了皮冻。我们可以把它倒出来切块，多么的晶莹剔透呀。

6. 端出烹饪好的猪蹄就可以开动了。

皮冻在吃的时候再打一个酱油、醋、青海椒的蘸水。
这么丰盛的组合很能满足我对肉的需求了，就是注意不要吃多了免得长胖。
哇！两吃的菜也，还都是美容菜。

小比萨姐姐的吐司料理集合

小比萨姐姐

星座：巨蟹座

血型：O

性格：小比萨姐姐最温柔、最细心了，同时也很心灵手巧。喜欢做手工、打扫，还善于变废为宝，食材们都超级喜欢她。

火腿鸡蛋生菜三明治

买一袋吐司回来，第一天肯定要趁新鲜，做一个华丽的料理。
准备材料：
新鲜吐司、火腿片、鸡蛋、生菜、番茄、番茄酱。
这道菜作为早餐可是相当华丽的，虽然简单，但怎么看都是贤妻良母做的。

1. 准备2片新鲜的吐司。

2. 洗干净番茄、生菜，并切成适合的大小。

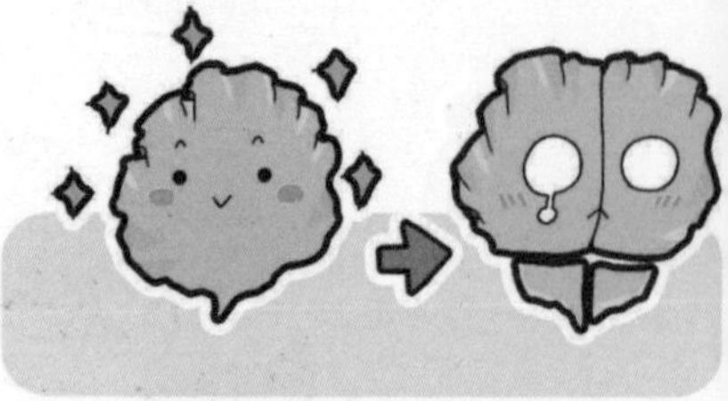

3. 锅里放一点油，油烧热后用小火煎个一面黄。

4. 用煎蛋余下的一点油把火腿片煎香。

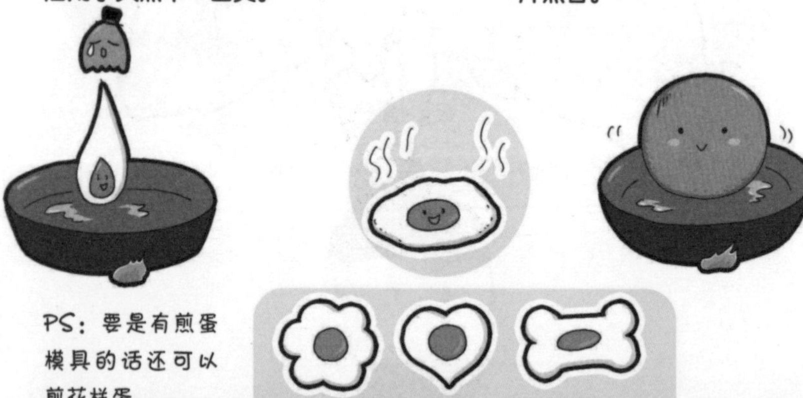

PS：要是有煎蛋模具的话还可以煎花样蛋。

5. 把准备好的材料组合在一起。

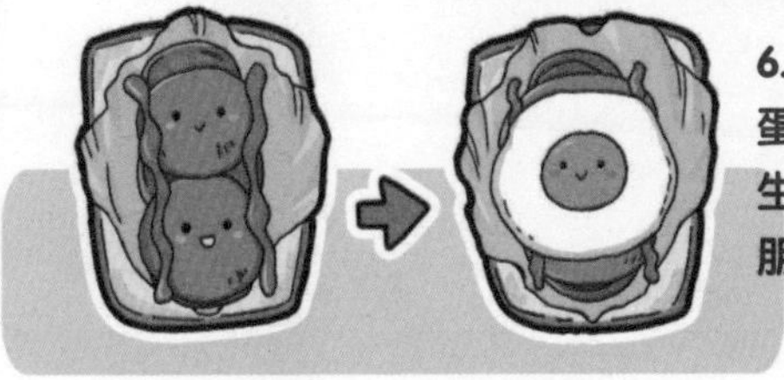

6. 华丽丽的火腿鸡蛋生菜三明治就诞生了，用它向你的朋友们炫耀吧。

营养的食物配上牛奶更好哟！
早餐的营养很重要，早餐必须要吃好，吃饱，营养也不能太单一，主食配个蔬菜瓜果是一个不错的选择。
看上去这么可口，咬下去什么样子呢？姐姐，给我尝尝嘛。

蒜蓉吐司

蒜蓉和黄油能增添面包美味，如果再加一些干的意大利混合香草，里面有牛至、罗勒、迷迭香、欧芹、百里香、红甜椒，烤出来更香气扑鼻。
这种香料可以起画龙点睛作用，可有可无，如要购买，各大卖场都有得卖。
准备材料：第二天的吐司、黄油、大蒜。

制作开始！

1. 大蒜去皮捣成大蒜泥。

2. 黄油隔水融化，或用微波炉融化。

化开了香味好浓哟。

3. 把蒜泥混合到黄油液中，撒上一点盐。

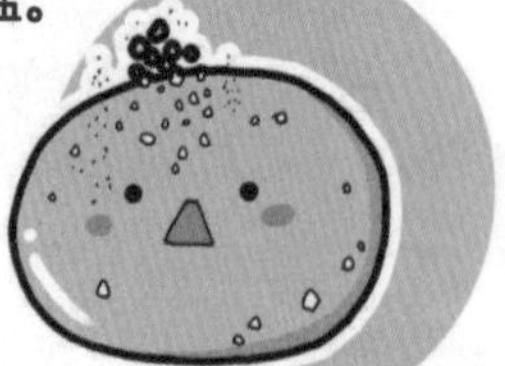

来把黄油大蒜酱均匀地涂抹到吐司上吧。

PS：兄弟七八个，围着柱子坐，
大家一分开，衣服就撕破。
大家猜是什么？

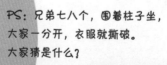

4. 涂抹好的蒜蓉吐司芬香扑鼻。

到了第二天，我吐司还能这么翻身呀。
这么浓郁的蒜香味，我可以直接吓退吸血鬼了。

5. 烤箱预热后，把吐司放入其中，180℃烘烤8分钟。

没烤箱的可以用平底锅把有蒜蓉的一面煎熟。

我觉得蒜蓉面包配奶油蘑菇汤会很不错呢，你去端一碗来。
好咧。
这么简单就做出了这么好吃的蒜蓉面包。

小比萨

需要准备的材料：
剩下没吃完的吐司，各种冰箱里面残存的食物。
也可以根据自己的喜好挑选购买一些，还有一个必备的材料就是奶酪。
这次的材料准备很随机的。

制作开始！

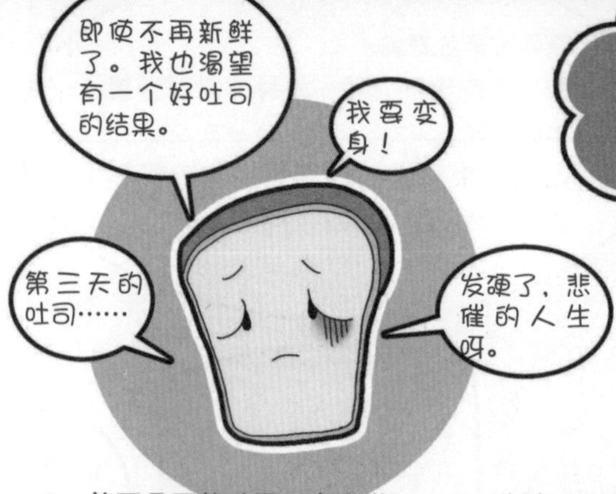
即使不再新鲜了。我也渴望有一个好吐司的结果。
我要变身！
第三天的吐司……
发硬了，悲催的人生呀。

1. 放了几天的吐司，有点发硬了，直接吃口感不好，我们来让它华丽大变身吧！

2. 先涂上番茄酱。

3. 铺上菠萝。

4. 再放一层火腿或培根。

5. 最后盖上奶酪片。

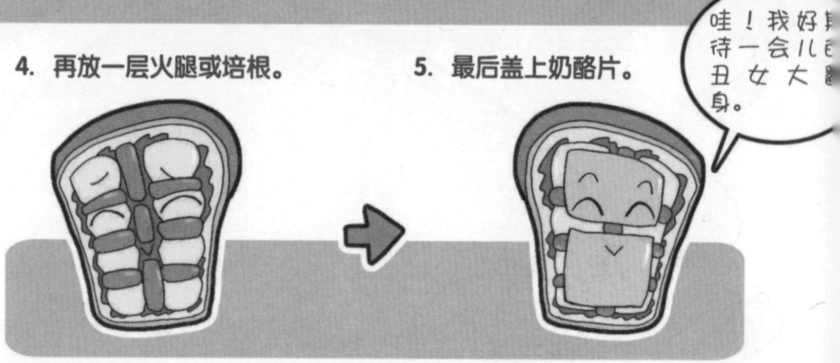
哇！我好
待一会儿
丑女大
身。

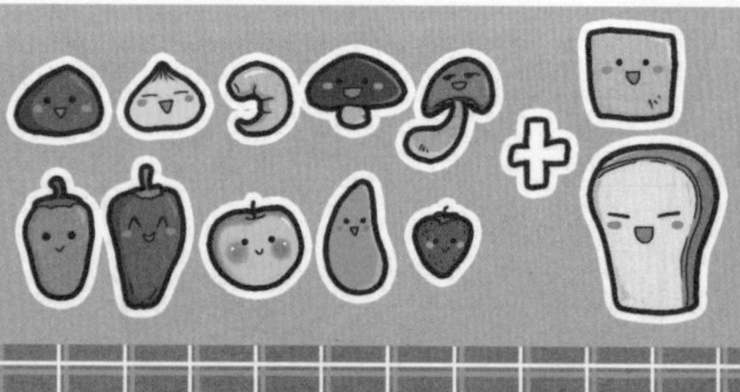

PS：可以根据自己的口味来组合吐司、奶酪和瓜果蔬菜肉类（别放相克食物就行）。

小样儿，快进来变身！
烤箱中……
好热！我要坚持。
我要变身！

6. 烤箱180℃预热，放入吐司烤10到15分钟，待表面奶酪融化。

15分钟后，

出炉的各式小比萨：

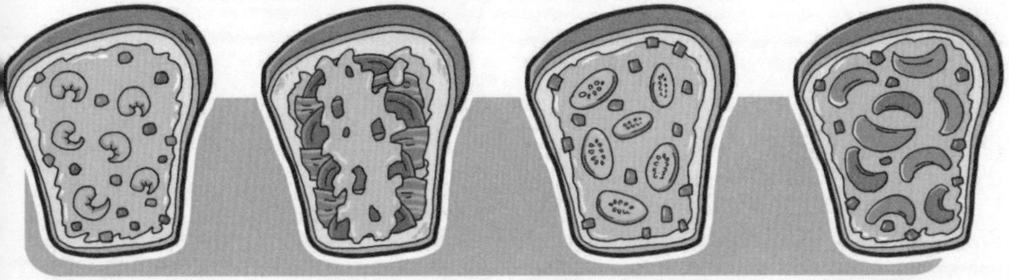

鲜虾豌豆小比萨　番茄培根小比萨　黄瓜火腿小比萨　水果小比萨

营养美味变废为宝，值得夸奖。
不错。
这个变身变得真够华丽的，简直是重生！

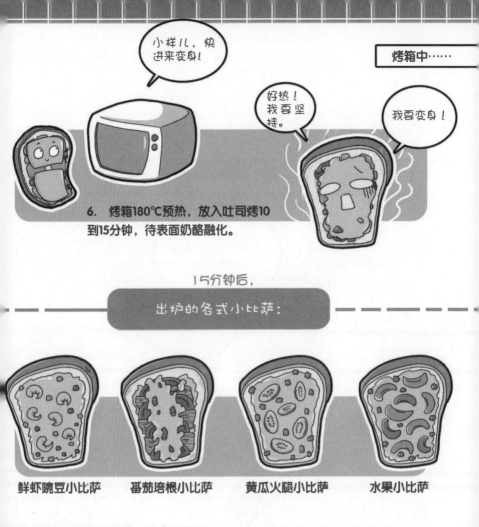

吃饱喝足啦！一口气教了这么多菜式，大家都学会了吗？
谢谢大家对本书的支持！
END